식품류에 응용되는 약용식물의 이해

약용식물에 대한 약리적인 특성들을
파악하는 데 도움이 되는 입문서

식품류에 응용되는 약용식물의 이해

최창식 지음

한국문화사

머리말

　약용식물은 다양한 분야에서 사용되고 연구되고 있으며, 의약적인 관점 뿐만 아니라 식용의 관점에서부터 기능성 식품분야에 이르는 폭넓은 분야에 적용되고 있습니다.

　특히, 식물마다 독특한 기능성을 나타내는 성분들이 함유되어 있어 생약학적인 차원 및 의약적인 차원에서 많은 관심과 연구의 대상이 되고 있습니다. 아울러, 오래전부터 민간요법의 대상물로 약용식물이 사용되고 있어 다양한 분야에서 적용되고 응용되고 있습니다.

　이 책은 약용식물에 관심을 가지고 기초를 다지고자 하는 학생들에게 소개하고 싶은 책으로써 약용식물의 학명, 별명, 기원, 식물형태, 산지, 약미약성, 성분, 약리작용 및 활용 순으로 정리를 하여 약용식물의 입문서로 활용되기를 기대하고 있습니다. 특히, 주요 약용식물의 성분에 대한 화학구조식을 소개하여 그 성분들이 가지고 있는 화학적인 특성들을 이해하며 친수성, 친유성 및 기능성 관계를 이해함으로써 그 약용식물에 대한 약리적인 특성들을 파악하는 데 도움이 될 것입니다.

　끝으로, 이 책이 나오기까지 여러 가지 조언, 교정 및 출판에 참여하여 주신 한국문화사 편집부 관계자 분께 깊은 감사의 말씀을 드립니다.

2024년 3월
대학교 교정에서
저자 최창식

목차

머리말　5

고로쇠나무	9
개오동나무	11
구기자	13
결명자	16
가중나무	18
가을가재무릇	20
강활	22
관중	24
꼭두서니	26
노루귀	28
내복자	30
느릅나무	32
더위지기	34
두릅나무	36
딱총나무	38
모란	40
만형자	42
명감나무	44
부용	46
박하	48
보리수	50
배풍등	51
백질려	53
복령	55
붉나무	58
수련	61
산사나무	63
석류나무	65
삼백초	68
살구나무	70
선복화	72
신이	74
소태나무	76
쇠뜨기	78
삽주	80
세신	82
쑥	84
오가피	86
오미자	89
용담	91
영지버섯	93
은행나무	96

인삼	98		참나리	149
옻나무	102		참부들	152
여정실	104		창포	153
여로	106		청피	155
우슬	108		치자	157
익모초	111		천문동	159
인동덩굴	113		참당귀	162
원추리	115		천마	164
으름덩굴	117		천궁	166
율무	119		차즈기	168
울금	121		택란	171
오수유나무	124		탱자나무	173
약모밀	126		포공영	175
자귀나무	128		홍화	177
저령	130		황기	179
제비꽃	132		후박나무	182
정향	134		황금	184
조구등	136		황경피나무	186
지황	138		형개	189
지치	141		향부자	192
진범	143		해당화	196
질경이	145		하수오	198
종대황	147		하늘타리	200

부록　202

참고문헌　215

고로쇠나무

학명 Acer mono Maximowicz
별명 참고리실나무, 개고리실, 고로실나무, 색목, 수색수, 오각풍

기원 Aceraceae의 고로쇠나무 Acer mono Maximowicz의 수액, 잎을 민간약으로 사용한다.

식물형태 낙엽 활엽 교목으로 높이 20m에 달하며, 가지는 여러 갈래로 나누어진다. 잎은 5갈래로 얇게 갈라지며, 열편은 끝이 날카롭고, 엽병이 길고 뒷면 맥위에 약간의 털이 있다. 꽃은 황색으로 4~5월에 잎보다 먼저 피며, 자웅동주이고 산방화서이다. 꽃잎은 5개이며, 수술은 8개이고 암술은 한 개다. 과실은 시과로서 9월에 익는다.

산지 전라남도(지리산), 경상남도(천성산, 가지산, 거제도), 강원도(점봉산, 청옥산, 오대산)

약미, 약성 덤덤한 단맛, 성질은 따뜻하다.

성분 acertannin(2,6-di-O-galloyl-1,5-anhydro-D-glucitol), polygallin, gallic acid, polygalitol (1,5-anhydro-D-sorbitol), 미네랄성분(철분, 망간, 칼슘, 칼륨 등), 당분

약리작용 고혈압예방, 골다공증개선, 위장개선 및 피로회복 등에 도움을 준다.

활용 ① 고로쇠나무의 수액을 이른 봄에 채취하여 위장병의 치료에 사용한다. ② 잎은 지혈제로 사용한다. ③ 뿌리 및 근피를 관절통, 골절에 사용한다.

개오동나무

학명 Catalpa ovata G·Don
별명 노나무, 향오동, 목각두

기원 Bignoniaceae의 개오동나무 Catalpa ovata G·Don·의 줄기 및 줄기의 껍질을 민간에서 사용하며, 한방에서는 개오동나무의 열매를 재실이라고 한다. 중국 원산의 낙엽교목으로 1904년 경 도입되어서 정원수나 가로수로, 또는 호반의 습한 곳에 많이 자라고 있다. 개오동나무는 줄기가 높게 벗어가므로 개오동나무를 심어두면 벼락을 맞지 않는다. 그래서 피뢰침 대신에 또한 공해에 강하기 때문에 정원에 많이 심는다.

식물형태 낙엽교목으로서 가지가 퍼지고 가는 가지에 털이 없거나 간혹 잔털이 있다. 잎은 대생 또는 3윤생하며 넓은 난형이고 길이 10~25cm로서 급한 점첨두이며 심장저이지만 대개 3~5개로 갈라지고 각 열편은 넓으며 점첨두이고 끝이 길게 뾰족해지며 표면은 자줏빛이 도는 녹색이고 털이 없으며 뒷면은 연한 녹색으로서 맥위에 잔털이 있거나 털이 없고 엽병은 길이 6~14cm로서 자줏빛이 돈다. 원추화서로 가지 끝에 달리며 길이 10~25cm로서 털이 없고 꽃은 6월에 피며 지름 25mm로서 황백색이고 양순이 있으며 안쪽 양면에 황색선과 자주색의 점이 있다. 삭과는 길이 20~36cm, 지름 5~8mm로서 10월에 익으며 종자는 양쪽에 털이 있고, 길이 3~4cm, 나비 3mm정도로서 갈색이다.

산지 한국(강원, 경기, 평남, 평북), 일본, 중국 등지

약미, 약성 맛은 쓰며, 성질은 차갑고, 약간의 독성이 있다.

성분 과피에 catalposide, catalpol, p-hydroxybenzoic acid, 종자에 5,6-dihydroxy-7, 4'-dimethoxyflavone-6-glucoside, 6-sophoroside, β-sitosterol, catalposide

약리작용 자실의 수침 엑기스 또는 catalposide를 쥐에 경구 투여하면 이뇨작용이 있다. 또한 catalposide는 뇨중에 Na^+의 배설을 촉진시킨다.

활용 민간에서 신경통, 두통, 감기, 위궤양, 위암, 식체, 신장병, 자실은 이뇨제로서 신장염, 부종, 단백뇨, 소변불리 등에, 자백피는 신경통, 간염, 담낭염, 황달, 신장염, 소양증, 암 등에 처방한다. 피부 소양증(가려움)에 나무껍질이나 열매를 8g을 1회분으로 달이거나 산제로 4~5회 복용한다.

구기자

학명 Lycium chinense mill
별명 구기자나무

기원 가지과의 구기자나무의 잎, 가지, 열매 및 뿌리를 껍질을 사용한다. 한방에서 구기자 나무의 열매를 구기자, 잎을 구기엽, 가지의 껍질을 구기피, 뿌리의 껍질을 지골피라고 한다. 중국산 구기자는 영하지역에서 재배되는 구기자나무의 과실을 영하구기, 서구기 라고 하며, 천진 지역에서 생산되는 구기자나무의 과실을 진구기라고 한다.

식물형태 원줄기는 비스듬하게 자라면서 끝이 밑으로 처지지만 다른 물체에 기대어 자란 것은 높이가 4m에 달하고 가지에 가시가 흔히 있으나 없는 것도 있으며 가는 가지는 황회색이고 털이 없다. 잎은 호생하지만 여러 개가 총생하며 중앙이 넓은 난형, 또는 난상 피침형이고 첨두 또는 둔두이며 넓거나 좁은 예저이고 길이 3~8m이고 털이 없으며 가장자리가 밋밋하고 엽병은 길이 1cm정도이다. 꽃은 6~9월에 피며 1~4개씩 야생하고 소화경은 길이 3~8mm이며 꽃받침은 3~5개로 갈라지고 열편 끝이 뾰족하며 화관은 자줏빛이 돌고 길이 1cm정도로서 5개로 갈라진다. 열매는 길이 1.5~2.5cm로서 난상 원형 또는 긴 타원형이고 8~10월에 익는다.

산지 전국의 촌락부근, 길가, 밭에서 나고, 청양, 진도, 신안, 예산, 홍성에서 많이 재배한다.

약미, 약성 맛은 달콤하면서 약간 쓰다.

성분 베타인, 피살린, 지아잔틴 및 루린이 들어 있다.

약리작용 구기자는 혈당 강하작용이 있다. betaine은 choline 대사계의 methyl 공여체로서 betaine의 항지간성 작용이 있다. 구기자의 물추출액은 토끼의 경동맥압을 낮추는 작용이 있다.

활용 열매, 잎: 강장, 건위, 당뇨, 폐결핵

가지 및 뿌리 껍질: 해열, 부스럼

뿌리와 잎을 차처럼 마시면 당뇨병에 효과가 있다. 열매를 차 대용으로 마시면 얼굴빛을 붉게 하고 강장제로서 효과가 있다. 해열, 부스럼, 독을 제거하는데 가지의 껍질을 달여 먹는다. 구기자주는 소주 1.8리터에 구기자 200g, 설탕 또는 벌꿀 350g을 밀봉하여 냉암소에서 2개월 보관한 후 1일 30g을 자기 직전 또는 저녁식사 전후에 마시면 정력이 좋아진다.

physalien

zeaxanthin

betaine

구기자 주요성분의 유기화학 구조

결명자

학명 Cassia obtusifolia Linne, Cassia tora Linne
별명 마제결명(馬蹄決明), 야녹두, 가녹두, 초결명(草決明), 결명초, 결완자, 결명씨, 양명(羊明), 양각(羊角)

기원 콩과에 속하는 한해살이풀인 결명초의 성숙한 씨를 말린 것
식물형태 1년생초로 키는 1m까지 자란다. 잎은 여러 장의 잔잎으로 이루어졌는데 긴강남차는 잔잎이 보통 3쌍, 석결명은 3~6쌍, 결명차는 2~4쌍으로 되어 있다. 꽃은 모두 6~8월에 잎겨드랑이에서 나온 꽃차례에 노랗게 무리져 핀다. 꼬투리는 활처럼 약간 구부러졌으며 길이는 10~15cm 정도이다. 씨앗은 짧은 원기둥 모양이며 한 쪽 끝은 뾰족하고 다른 한 쪽 끝은 매끈하다. 양쪽의 옆에 황갈색의 넓은 세로줄 및 띠가 있고 질은 단단하다.
산지 전국의 인가에서 재배한다. 특히 고령, 강진, 장흥에서 많이 재배한다.
약미, 약성 맛은 달고 쓰며 짜고 성질은 약간 차고 독은 없다.
성분 잎에는 kaemferin, 종자에는 rubrofusarin, β-sitosterol, oleic acid, linoleic acid, emodin, carotin
약리작용 풍을 잠재우는 약, 씨를 시력강화, 건위, 강장, 통경, 충독, 야맹증, 사독 등의 약으로 쓴다. 소염, 사하 및 혈압강하 작용도 한다.
활용 간의 열기를 제거하고 대장의 연동운동을 활발히 하여 눈이 충혈되어 붓고 아프며 햇빛을 꺼리고 눈물이 흐르는 데나 시력감퇴, 야맹증이나 기타 두통, 어지럼증 가슴이 답답한 증상 또는 변비에 좋다.

가을에 씨가 여문 다음 줄기채로 베어서 말려 씨를 털어 모아서 사용하는데 하루 6~12g을 탕약, 가루약 형태로 복용하며, 국화, 석결명을 배합하여 눈이 붓고 아픈 것을 다스린다.

가중나무

학명 Ailanthus altissima Swinggle
별명 가죽나무, 까중나무

기원 소태나무과의 가중나무의 가는 가지 및 뿌리를 건조한 것을 약용으로 사용한다. 중국에서는 가중나무의 근피를 저근피, 수피를 춘백피라고 한다. 가짜죽나무라는 뜻에서 가죽나무라고도 한다. 중국에서 도입되어 전국의 도로변이나 황폐된 임야, 주택 주변에 많이 심고 있다.

식물형태 낙엽 활엽 교목으로 높이 20m 가량. 잎은 어긋나며 홀수 1회 깃꼴겹잎으로 길이 60~80cm, 꼬마잎은 13~25개, 넓은 피침상의 난형, 길이 7~13cm, 너비 5cm, 암수딴그루로 꽃은 가지 끝에서 나온 원추꽃차례에 달리고 길이 10~30cm 가량, 6월에 백색으로 핀다. 열매는 시과(翅果), 피침형, 길이 3~4cm, 9월에 적갈색으로 익으며 이듬해 봄까지 달려 있다.

산지 전국의 마을 부근에 식재

약미, 약성 맛은 쓰고 떫으며, 성질은 차갑다.

성분 isoquercitrin, canthin-6-one, canthin-6-one-3-oxide, quassin

약리작용 미상

활용 민간에서 신경통 촌충 구제약, 고초열, 건위약으로 이용하고 저근피 및 춘백피는 한방에서 치질, 적백리, 지사제로 이용한다. 비,위가 허약한 사람은 사용하지 못한다. 가중나무뿌리 껍질에는 쿠아찐이라는 성분은 설사 멈추는 작용과 적리균, 아메바성 원충의 성장을 억제하는 작용이 있다. 적리에는 가중나무뿌리껍질 16~30g을 잘게 썰어 물에 달여서 하루 2~3번에 나누어 먹는다.

봄과 가을에 뿌리의 껍질을 채취하여 겉껍질을 벗기고 햇볕에 말려서 이질(적리)·치질·장풍 치료에 처방한다. 민간에서는 이질·혈변·위궤양에 뿌리를 진하게 달여 먹는다.

가을가재무릇

학명 lycoris radiata Herbert
별명 꽃무릇, 절간풀, 지옥꽃, 상사화, 용조화, 산오독, 산두초, 석산

기원 중국에서 도래한 식물로서 Amarylidaceae의 가을가재무릇의 구경을 석산이라 한다. 절의 스님들이 가을가재무릇을 상사화라고 부르는데, 이것은 잘못이며, 상사화는 가을가재무릇의 동속식물로서 Lycoris squamiger이다.

식물형태 절에서 흔히 심고 때로는 민간에서도 심는 다년초로서 인경은 넓은 타원형이고 지름 2.5~3.5cm로서 외피가 흑색이다. 9~10월에 잎이 없어진 인경에서 화경이 나와 길이 30~50cm정도 자라며 큰 꽃이 산형으로 달린다. 총포는 넓은 선형 또는 피침형이고 길이 2~3cm로서 막질이며 소화경은 길이 6~15mm이다. 꽃은 적색이고 통부는 길이 6~8mm이며 화피열편은 6개로서 도피침형이고 뒤로 말리며 길이 4cm, 나비 5~6mm로서 가장자리에 주름이 진다. 수술은 6개이고 길이 7~8cm로서 꽃 바깥으로 훨씬 나오며 열매를 맺지 못하고 꽃이 쓰러진 다음 짙은 녹색 잎이 나온다. 잎은 길이 30~40cm, 나비 6~8mm

이다.

산지 전국 각지의 절 부근에 재식되어 있다. 특히 지리산의 선운사, 경남 양산의 내원사 부근에 많은 군락이 있다.

약미·약성 맛은 맵고, 성질은 따뜻하며, 독이 있다.

성분 lycorine, lycorenine, lycoramine, galanthanine, tazettine, homolycorine

약리작용 lycorine은 emetine과 유사한 작용이 있지만, 독성은 emetine 보다 약하고, 최토작용은 강하다. 중독량에서는 구토, 설사, 허탈증상을 일으키고, 중추신경계의 마비를 일으킨다. LD_{50} 마우스 이하 1.45mg/10g lycorine은 cholines-terase의 작용을 억제시킨다.

활용 최토약, 이질작용, 해열작용, 거담

독성이 있지만 비늘줄기를 짓찧어 물속에서 잘 주물러 찌꺼기를 걷어낸 다음 다시 물로 여러 차례 씻고 가라앉히는 과정을 되풀이하면 독성이 없어져서 질 좋은 녹말을 얻을 수 있다. 옛날에는 가난한 백성들이 무릇으로 식량을 대신했다는 이야기도 전해온다. 비늘줄기에 알칼로이드 성분이 있어 구토작용을 일으키기도 하지만, 항암효과가 높아 최근 중국에서는 암치료제로 개발하기도 했다. 한방에서는 비늘줄기를 인후 또는 편도선염·림프절염·종기·악창 등을 치료하는 데에 사용하고, 복막염과 흉막염에 구토제로 사용한다. 또 치루와 자궁탈수에는 비늘줄기를 물과 함께 달여서 환부를 닦아주면 효과가 좋다.

강활

학명 Ostericum Koreanum Maxim. 혹은 Notopterygium incisum Ting 혹은 Notopterygium forbesil Boiss
별명 강청(羌靑), 호강사자(護羌使者), 호왕사자(胡王使者), 강활(羌滑), 강호리

기원 강활은 Angelica koreana Maximowicz (산형과 Umbelliferae)의 뿌리로 미나리과에 속한 다년생초본인 강활의 뿌리줄기를 건조한 것이다. 우리나라에서는 동과에 속한 강호리의 뿌리, 뿌리줄기를 대용한다.

식물형태 높이는 약 2m로 곧게 서며 윗부분에서 가지를 친다. 잎은 어긋나고 잎자루를 가지며 3장의 작은 잎이 2회 깃꼴로 갈라진다. 작은 잎은 넓은 타원형 또는 달걀 모양으로 끝이 뾰족하고 가장자리에 깊게 패인 톱니가 있다. 작은 잎자루는 올라가면서 짧아지고 잎자루 밑 부분이 넓어져 잎집이 된다. 8~9월에 흰 꽃이 가지 끝과 원줄기 끝에서 겹산형꽃차례로 피는데, 10~30개의 작은 꽃대로 갈라져서 많은 꽃이 달린다. 총포는 1~2개로 바소꼴(피침모양)이고 작은 총포는 6개이다. 열매는 분과로 10월에 익으며 타원형이고 날개가 있다.

산지 한국(경북·강원·경기·평북·함경)·중국 북동부

약미·약성 맛은 맵고 쓰며, 약성은 따뜻하다.

성분 쿠마린, 노다케닌, 팔카린디올, 안겔리코레아놀, 비싸오란게론, 이소임페라토린, 옥시페우쩨다닌, 임페라토린, 오스톨, 페룰라산, 오스레놀, 메르갑텐, 안겔리찐, 움벨리페론, 안겔리콜

약리작용 발한, 해열작용과 항균작용이 있고 진통작용을 한다. 결핵균의 성장을 억제한다.

활용 윗머리가 아플때, 출산후 오슬오슬 춥고 뼈마디로 바람이 들어오는 것 같은 증상, 관절염, 어깨가 쏘듯이 아픈데, 불면증에 달여서 복용한다. 어린 싹을 뜯어다가 나물로 해서 먹는다.

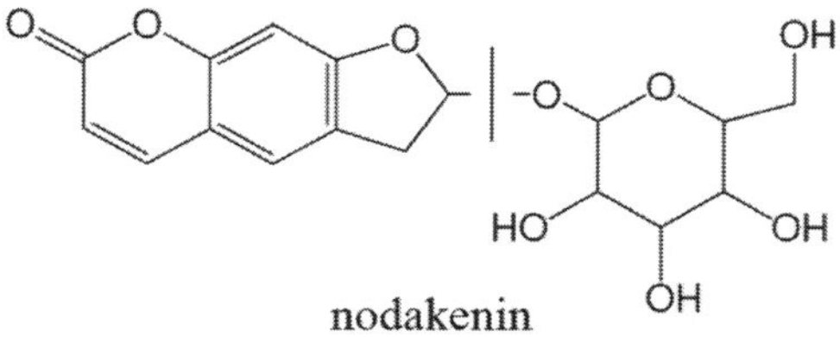

nodakenin

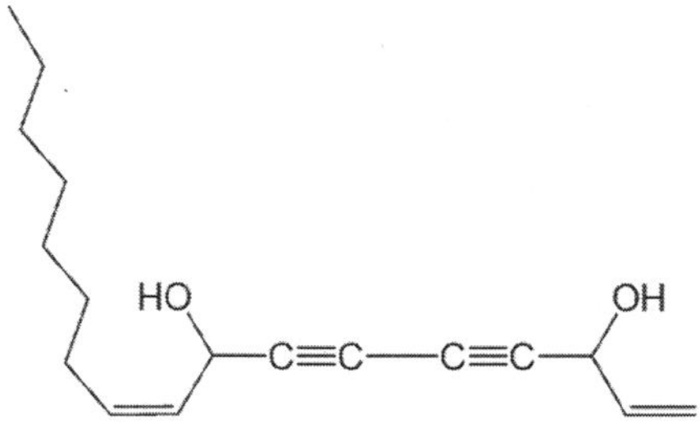

falcarindiol

강활 주요성분의 유기화학 구조

관중

학명 Dryopteris crassirhizoma Nakai
별명 면마

기원 polypodiaceae(고사리과)의 관중 Dryopteris crassirhizomaNakai의 근경을 관중 또는 면마라고 한다.

식물형태 뿌리줄기는 굵은 덩이모양으로 비스듬하게 서서 자라며 길이가 25cm 정도로 잎이 돌려난다. 잎자루는 길이 10~25cm로 비늘조각이 밀생한다. 광택을 띤 비늘조각은 암갈색이며 가장자리에 돌기가 있다. 잎몸은 2회 우상으로 깊게 갈라지며 도피침형이다. 잎조각은 자루가 없는 피침형으로 20~30쌍 정도 달리며 양면에 비늘조각이 있다. 중간부분의 잎조각이 가장 크고 빽빽이 달린다. 갈래조각은 가장자리에 둔한 톱니가 있고 장타원모양이다. 포자낭군은 잎의 윗부분 잎조각 중앙맥 근처에 2줄로 열을 지어 달리고 둥근 포막이 있다.

전국 산지의 그늘지고 습한 곳에서 무리지어 자생하는 다년초이다.

산지 제주도(한라산), 전라남도(지리산), 전라북도(덕유산), 경상남도(천성산, 천황산), 충청북도(속리산), 경상북도(팔공산, 울릉도), 강원도(청옥산, 점봉산)

약미·약성 맛은 쓰고, 성질은 차갑고, 약간의 독성이 있다.

성분 aspidinol, aspidin, albaspidin, diploptene, 9-fernene

약리작용 구충작용, 자궁평활근에 작용, 항조잉수태작용, 항종류작용, 항병원미생물작용, 관중의 전제는 조충, 돈회충, 거머리 등에 대해서 시험관 내에서 현저한 살충 효과가 있다. 또한 초기에 호흡중추 흥분 작용이 있고 잠시 후 심장의 활동을 억제하며, 혈압을 낮추고, 약한 혈관 수축작용이 있다. 장관 및 자궁 수축작용은 강하다. 전후는 1/3000 회석해도 가토의 적출 자궁에 대해 강한 수축 작용이 있다.

활용 민간에서는 어린 잎을 식용하고 가을, 겨울사이 채취하여 잔뿌리와 엽병을 제거하고 뿌리줄기를 관중이라 하여 약용하는데 심경, 간경, 위경으로 들어가 구충, 량형, 지혈, 자궁수축의 효능이 있어 회충 및 조충 구재, 토혈, 코피, 붕루, 대하, 장염출혈, 감기를 다스린다.

감기, 폐렴, 허리 아플때 뿌리 4g에 물 400ml를 붓고 달여 마신다. 생리양이 많을 때, 자궁출혈, 초피, 혈변에는 검게 볶은 뿌리 4g을 가루를 내어 먹는다.

주의: 약간 독성이 있는 약재로 많이 먹으면 심장과 위장에 무리가 올 수 있으므로 임산부, 몸이 허약한 사람, 몸이 마르고 열이 많은 사람, 아이, 위병이 있는 사람은 먹지 않는다.

꼭두서니

학명 Rubia akane Nakai
별명 꼭두선이, 가삼자리, 갈퀴잎

기원 Rubiaceaed의 꼭두서니 Rubia akane Nakai의 잎을 민간에서 갈퀴잎으로 판매되고 있으며, 한방에서 꼭두서니의 지하부를 천근, 천초라고 한다. 중국의 강소성 진강 등에서 상서초라고 하는것은 솔나물의 뿌리이다.

식물형태 덩굴성 식물로서 가삼자리·갈퀴잎이라고도 한다. 산지 숲 가장자리에서 자라며 길이 약 2m이다. 뿌리는 굵은 수염뿌리로 노란빛이 도는 붉은색이다. 줄기는 네모나고 가지를 치며 밑을 향한 짧은 가시가 난다. 잎은 심장 모양 또는 긴 달걀 모양으로 4개씩 돌려나는데, 2개는 정상잎이고 2개는 턱잎이고 심장형또는 긴 난형이다. 길이 3~7cm, 나비 1~3cm이고 잎자루가 길다. 7~8월에 연한 노란색 꽃이 잎겨드랑이와 원줄기 끝에 원추꽃차례로 핀다. 꽃 지름은 3.5~4mm이다. 화관은 심장 모양이고 5갈래이며, 갈라진 조각은 끝이 뾰족한 바소꼴로 끝이 앞으로 굽는다. 수술은 5개이고 씨방에 털이 없다. 열매는 장과로 2개씩 붙어 있고 둥글며 털이 없고 9월에 검게 익는다.

산지 전국 산에서 난다.(한국·일본·중국·타이완 등지)

약미·약성 맛은 쓰고, 성질은 차다.

성분 oxyanthraquinone, pupurin, pseudopurpurin-xyloglucoside, munjistin-glucoside

약리작용 천근의 온침액은 토끼의 혈액 응고 시간을 단축시키고, 포도상구균에 대해 억제작용이 있다. 정혈·통경·해열·강장에 처방한다.

활용 민간에서 잎을 신경통, 혈액개선제로 이용하고, 활력에서 천근은 정혈, 상혈, 통경약으로 사용한다. 부인의 경수가 잘 나오지 않을 때에는 가을에 검은색으로 익는 꼭두서니 열매를 달여서 먹으면 효과가 있다. 열매 말린 것 20~30알을 1일분으로 하여 달여서 먹으면 월경불순에도 효과가 있다. 또한 뿌리 말린 것 10g, 물 500cc, 술 100cc를 섞어 그 반량이 될 때까지 달여서 1일 3회로 나누어 복용하면 효과가 있다. 이뇨. 구내염. 편도선염. 잇몸 염증 등은 꼭두서니 뿌리를 달인 즙으로 상처 부위를 세척하면 효과가 있다.

노루귀

학명 Hepatica asiatica Nakai
별명 장이세신

기원 미나리아재비과의 노루귀 Hepatica asiatica Nakai 의 전초를 약용으로 사용하고, 중국에서는 노루귀의 금초를 장이세신이라고 한다. 노루귀의 동속 식물로는 울릉도에만 분포하는 잎이 대형인 섬노루귀 Hepatica maxima Nakai, 남해안의 섬 지역에 많이 분포하는 새끼노루귀 Hepatica insularis Nakai 등이 있다. 새로 나오는 잎은 세 갈래로 갈라지고 두꺼우며 털이 많은데, 이것이 마치 솜털이 보송보송한 어린 노루의 귀와 그 모양이 흡사하여 노루귀라고 부른다. 속명 Hepatica는 라틴어 Hepaticus(肝臟)의 여성형으로 잎의 열 편형이 간장과 비슷하다

식물형태 산의 나무 밑에서 자란다. 뿌리줄기가 비스듬히 자라고 마디가 많으며 검은색의 잔뿌리가 사방으로 퍼져나간다. 잎은 뿌리에서 뭉쳐나고 긴 잎자루가 있으며 3개로 갈라진다. 갈라진 잎은 달걀 모양이고 끝이 뭉뚝하며 뒷면에 솜털이 많이 난다. 잎몸 길이 5cm 정도, 잎자루 길이 약25cm이다. 4월에 흰색 또는 연한 붉은색 꽃이 피는데 잎보다 먼

저 긴 꽃대 위에 1개씩 붙는다. 꽃 지름은 약 1.5cm이다. 총포는 3개로 녹색이고 흰 털이 빽빽이 난다. 꽃잎은 없고 꽃잎 모양의 꽃받침이 6~8개 있다. 꽃받침은 대부분 연한 자줏빛이며 수술과 암술이 여러 개 있다. 열매는 수과로서 털이 나며 6월에 총포에 싸여 익는다.

산지 제주도, 서울(북한산), 전라북도(덕유산), 경상남도(지리산, 천성산, 가지산, 재약산, 가야산), 경상북도(팡공산, 울릉도), 충청남도(계룡산), 충청북도(속리산), 경기도(천마산, 광릉, 가평)

약미·약성 미상

성분 미상

약리작용 폐, 신장을 보하며 두통, 해수, 비염에 사용된다.

활용 봄에 어린 잎을 나물로 먹으며 관상두통, 해소, 장질환의 치료로 풀 전체를 말려서 약재로 쓰기도 한다. 당뇨병으로 인한 전립선염과 기관지염은 다시마, 연교, 진달래, 세신, 연육, 해마, 갈근, 맥문동, 천화분, 구기자 각 8g. 누에, 상황버섯, 자하거, 황충 각 8g을 분말 오자대환약으로 1일 30알씩 복용하며, 기관지염일때는 행인, 패모를 더하여 그리고, 정력부족일때는 녹용, 양신 1쌍, 청령, 석용, 우슬, 두충을 더하여 사용한다.

내복자

학명 Raphanus sativus Linne
별명 라복자, 나복자(蘿蔔子)

기원 무의 성숙한 종자를 건조한 것
식물형태 편압된 구형으로 길이 3mm 내외, 지름 2.5mm로 표면은 엷은 갈색, 또는 적갈색이며 횡단면은 황백색 또는 황색의 배아가 있고 기름기가 있다.
산지 우리나라 각지에서 재배하고 있다.
약미·약성 맛은 맵고 달며, 성질은 평하며 독은 없다
성분 지방유, 정유, 에루식산, 리놀레익산, 리놀레닉산, 시나픽산
약리작용 폐와 위에 작용하여 소화를 도우며 담을 풀어준다. 아울러, 기운을 내려주어 기침을 멈추게 하는 작용을 한다.
약용-(종자) 항균작용, 소화촉진, 해수, 천식, 변비 등에 사용한다. (뿌리) 소화불량, 이질 등에 사용한다. (잎) 소화불량, 이질, 유방염, 유즙분비 부족 등에 사용한다.
활용 산사, 신곡, 진피 등을 배합하여 체해서 배가 부풀어 답답하며 신물이

넘어오는 것을 다스린다.

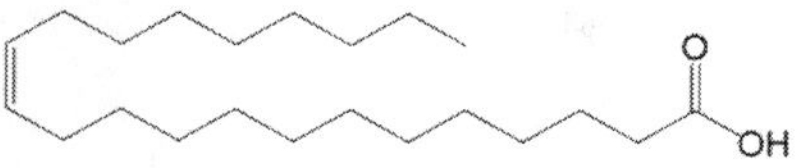

erucic acid

linoleic acid

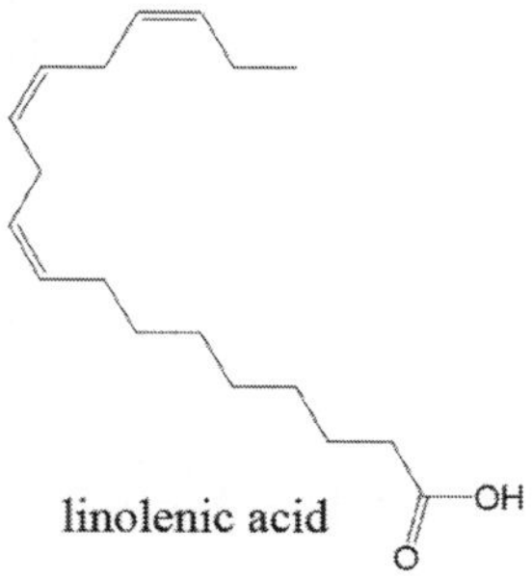

linolenic acid

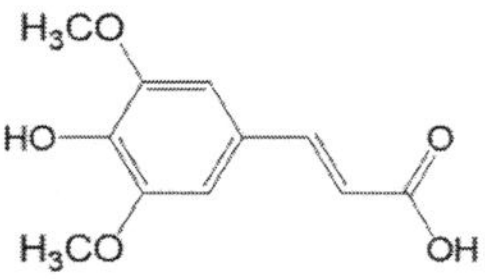

sinapic acid

내복자 주요성분의 유기화학 구조

느릅나무

학명 Ulmus davidiana var.japonica
별명 산유, 떡느릅나무, 뚝나무, 유피

기원 Ulmaceae(느릅나무과)의 느릅나무 Ulmus davidiana Planch var japonica 根皮 또는 가지를 건조한 것을 유피(楡皮)라고 하며, 종자를 무이(無夷)라고 한다. 무이(無夷)는 시장품으로 유통되는 것이 거의 없다. 일반적으로 민간약 시장에서는 누룩나무, 떡나무라는 이름으로 통용되고 있다.

식물형태 낙엽교목이고, 높이15m, 나무 껍질은 흑갈색이고 어린 가지에는 융모(길고 부드러운 털)가 있고, 나무껍질은 세로로 길게 갈라지며 잎은 어긋나기로 달리고 긴 타원형이다.

산지 전국 각처의 산지

약미·약성 맛은 달고, 성질은 평이하고, 독이 없다.

성분 점액질, tannin, catechin, catechin-5-O-β-D-apiofuranoside (uldauioside A)

약리작용 목재는 건축재나 가구재, 차량재, 선박재, 악기, 우산 또는 양산

자루나 휠의자 등을 만드는데 쓰인다. 수액은 도자기의 광택을 내는 유액으로 쓰고 있고, 껍질은 이뇨제, 염증에 쓰고, 수피는 치습, 이뇨, 소종독 . 완화제에 쓰인다.

활용 껍질을 벗겨서 입으로 씹어보면 끈적끈적한 점액이 많이 나오는데 이 점액이 갖가지 종기나 종창을 치료하는 좋은 약이 된다. 약으로는 느릅나무 뿌리껍질을 쓰는데 이른 봄에 뿌리껍질을 벗겨 내어 그늘에서 말려서 쓴다. ① 고름을 빨아내고 새살을 돋아나게 하는 작용이 매우 강하므로 종기나 종창에 신기한 효과가 있다. ② 부스럼이나 종기가 난데에 송진과 느릅나무 뿌리껍질을 같은 양씩 넣고 물이 나도록 짓찧어 붙이면 놀라울 만큼 잘 낫는다. ③ 뿌리껍질은 위궤양, 십이지장궤양, 소장궤양, 대장궤양 등 갖가지 궤양에 뛰어난 효과가 있고 부종이나 수종에도 효과가 크다. ④ 위암이나 직장암 치료에도 쓰며 오래 먹어도 부작용이 없다. ⑤ 위, 십이지장, 소장, 대장궤양에는 느릅나무 뿌리껍질 가루와 율무가루를 3:2의 비율로 반죽하여 시루떡이나 국수로 만들어 먹으면 맛도 좋고 치료 효과도 좋다.

더위지기

학명 Artemisia iwayomogi
별명 인진쑥, 인정쑥

기원 국화과의 더위지기 Artemisia iwayomogi Kitamura 의 전초를 인진호라 한다. 이 식물은 국화과 식물로서는 드물게 볼 수 있는 다년생의 木本性식물이다. 일본에서는 사철쑥의 화수를 인진호라고 하며, 중국에서는 사찰쑥의 어린 싹을 면인진이라고 한다.

식물형태 높이는 1m정도이고 줄기는 뭉쳐나며 밑동이 점차 목질화(木質化)되며 윗부분에서는 가지가 갈라진다. 뿌리잎은 어긋나고 달걀 모양이다. 깃꼴로 두 번 갈라지며 뒷면은 연한 녹색이고 거미줄 같은 털이 있다. 줄기잎은 바소꼴로 톱니가 있으며, 잎자루는 길이 2~3cm이다. 7~8월에 황색의 두화(頭花)가 잎겨드랑이에 총상(總狀)으로 달린다. 총포(總苞) 조각은 2~3줄로 배열되고 털이 있거나 없다. 화관(花冠)은 원통형으로서 겉에 선점(腺點)이 있고 모두 열매를 맺으며 11월에 익는다.

산지 전국 각지

약미·약성 맛은 쓰며, 성질은 평이며, 약간 차다

성분 esculetin-7-methylether camphor, isovaleric acid, stigmasterol, esculetin-6-methylether, esculetin dimethyl ether, pinene, capillone, capillenime, capillin, capillone, capilarine, capillarisin

약리작용 미상

활용 소담, 이담, 이뇨, 황달, 해열

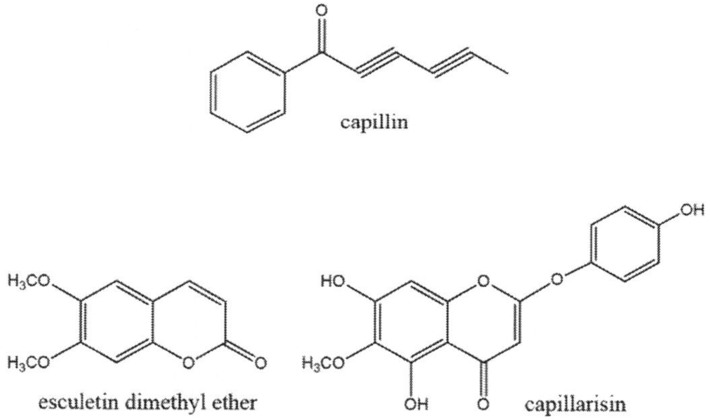

capillin

esculetin dimethyl ether

capillarisin

더위지기 주요성분의 유기화학 구조

두릅나무

학명 Aralia elata Seem
별명 두릅나무, 민두릅나무

기원 Araliaceae(오갈피나무科)의 두릅나무 Aralia elata Seem·의 가는 가지껍질 및 뿌리를 민간약으로 사용하고, 한방에서는 드릅나무의 수피(樹皮), 재(材) 및 근피(根皮)를 건조한 것을 총목(惚木) 이라고 한다.

식물형태 높이는 3~4m이다. 줄기는 그리 갈라지지 않으며 억센 가시가 많다. 잎은 어긋나고 길이 40~100cm로 홀수 2회 깃꼴겹잎(奇數二回羽狀複葉)이며 잎자루와 작은잎에 가시가 있다. 작은잎은 넓은 달걀모양 또는 타원상 달걀모양으로 끝이 뾰족하고 밑은 둥글다. 잎 길이는 5~12cm, 나비 2~7cm로 큰 톱니가 있고 앞면은 녹색이며 뒷면은 회색이다. 8~9월에 가지 끝에 길이 30~45cm의 산형꽃차례[傘形花序]를 이루고 백색 꽃이 핀다. 꽃은 양성(兩性)이거나 수꽃이 섞여 있으며 지름 3mm 정도이다. 꽃잎·수술·암술대는 모두 5개이며, 씨방은 하위(下位)이다. 열매는 핵과(核果)로 둥글고 10월에 검게 익으며, 종자는 뒷면에 좁쌀 같은 돌기가 약간 있다. 새순을 식용한다.

산지 전국 산기슭 양지 및 계곡

약미·약성 맛은 맵고, 성질은 평이하다.

성분 β-sitosterol, α, β-taralin, oleanolic acid, protocatechuic acid, sholine, araloside A, B, C

약리작용 두릅나무의 수성엑기스는 alloxane 과혈당에 대해서 강한 혈당 감소 작용을 나타낸다. 또한 전제(煎劑)의 adrenaline 기항작용은 choline에 유래한다.

활용 민간에서는 당뇨병, 위장병의 피료, 근피(根皮)는 위암, 위장병, 이뇨제로 사용한다. 한방에서는 류마치스성 관절염, 타박상(打撲傷), 골절(骨折) 등에 사용한다.

딱총나무

학명 Sambucus williamsii var. coreana
별명 말오줌나무, 잠반나물

기원 인동의 딱총나무 동속식물의 줄기를 건조한 것을 접골목 이라고 하며 민간에서는 약용으로 사용한다.

식물형태 키가 3m까지 자라며 줄기 가운데는 진한 갈색을 띤다. 잎은 마주 나고 2~3쌍의 잔잎이 나란히 붙어 있는 겹잎으로, 잔잎은 긴 타원형이고 잎 가장자리에는 둔한 톱니들이 있다. 꽃은 황록색이며 5월에 가지 끝에 원추(圓錐)꽃차례를 이루어 핀다. 꽃부리 위는 5조각으로 갈라져 있다. 열매는 진한 붉은색의 장과(漿果)로 7월에 익는다.

산지 경상남도(가지산), 경상북도(가야, 팔공산, 울릉도), 전라북도(덕유산), 강원도(치악산), 경기도(관악산)

약미·약성 맛은 달고 쓰며, 성질은 평이하다.

성분 oleanolic acid, ursolic acid, campesterol

약리작용 접골목의 물 추출액을 토끼에 경구 및 피하 주사하면 현저한 이뇨작용을 나타낸다. 접골목의 전제는 쥐에 대해서 현저한 진통 작용이

있다

활용 뼈가 부러지거나 금이 갔을 때 타박상으로 멍들고 통증이 심할 때 손발을 삐었을 때 등에 달여 마시고 달인 물로 목욕을 하면 효과가 더욱 좋다. 천연 약초 가운데서 통증을 가장 빨리 멎게 하는 것이 이 나무라 할 수 있다. 접골목은 소변을 잘 나가게 하고 혈액순환을 좋게 하며 통증을 멎게 하는 효력이 빠르다. 관절염, 디스크, 요통, 신경통, 통풍, 부종, 소변이 잘 않나오는데, 신장병, 신경쇠약, 입 안에 생긴 염증, 인후염, 산후 빈혈, 황달 등에도 두루 신통하다고 할 만큼 빠른 효력을 발휘한다. 잎이나 잔가지 줄기 30g을 진하게 다려 하루 3번에 나누어 마신다. 봄철에 꽃을 따서 2~3개월 증류주에 담가 두었다가 그 술을 얼굴에 바르면 기미, 주근깨 같은 것이 없어지고 살결이 고와지며 주름살이 없어진다. 10~30일 사이에 기미가 없어지고 피부가 정상으로 된다. 80%이상이 기미가 없어진다. 여름철에 빨갛게 익은 열매는 35도의 술에 3개월 정도 두었다가 조금씩 마신다. 소변을 잘 나가게 하고 신경통과 류마티스 관절염에도 효험이 있으며 타박상이나 골절로 인한 통증이 빨리 없어진다.

모란

학명 Paeonia moutan Sims
별명 목단, 부귀화

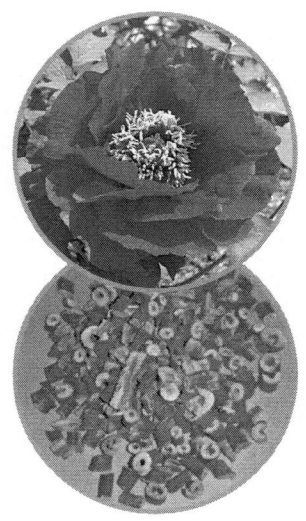

기원 모란의 근피를 목단피라고 한다. 중국산은 산지, 가공법에 따라서 요단피, 서단피, 천단피, 팔단피 등의 명칭이 있으며, 그 중에서 안휘성 동능 봉황산에서 생산되는 것이 가장 좋은 품질이다.

식물형태 낙엽관목으로서 높이가 2m에 달하며, 잎은 3엽으로 되어 있으며 각각 3~5개로 갈라지고 표면은 털이 없으며 뒷면은 잔털이 있고 흔히 흰빛이 돈다. 꽃은 양성으로서 5월에 피며 지름 15cm이상이고 화탁이 주머니처럼 되어 자방을 둘러싼다. 열매는 9월에 익고 내봉선에서 터져 종자가 나오며 종자는 둥글고 흑색이다.

산지 장흥, 단양, 승주, 의성에서 많이 재배된다.

약미·약성 맛은 맵고 달며, 성질은 차갑다.

성분 paeonol, paeonolide, paeonoside, benzoic acid, campeterol etc.

약리작용 혈열을 식히며, 혈을 활성화하는 작용이 있으므로 어혈을 통하게 하여 열을 식히는 작용이 있다. 장위에 적열이 있는 증에 요약이다.

시험관내에서 대장균, 포도상구균, 연쇄상구균, 고초균등의 증식을 1500~2000배의 농도에서 억제한다. 목단피의 전제를 개에 투여하면 혈압 강하 작용이 있다. 목단피의 에타놀 추출액은 항알레르기 작용이 있고, 충수동기염의 화농균에 대해서 항균작용이 있으며, 또한 항염증 작용, 중추억제작용이 있다.

활용 진정, 진통, 구어혈약으로서 두통, 복통, 부인과질환, 월경불순, 월경 곤란 등, 정체하는 혈행 장해에 응용한다. 맹장염에 특효임

① 월경불순에 목단피 10g에 감초 약간을 넣어 달여 마신다. ② 코피를 계속 흘릴 때에 목단피를 불에 굽거나 생으로 달여 2~3회 마시면 코피가 멎는다. ③ 패모, 대황, 토사자와의 혼용은 맞지 않아서 함께 사용하지 말아야 한다.

	R
paeonol	H
paeonoside	Glc
paeonolide	Glc——Ara

모란 주요성분의 유기화학 구조

만형자

학명 Vitex rotundifolia
별명 단엽만형(單葉蔓荊), 만형자나무, 풍나무

기원 마편초과에 속하며, 일본, 대만, 중국 및 우리나라 제주도, 울릉도, 남부지방, 다도해 섬지방, 중부지방의 해발 100~700m 지역 해변사지(海邊砂地) 대개는 황해도 이남 지역에 자생한다. 순비기나무의 열매를 만형자라고 한다. 만형(蔓荊)이란 이름은 싹이 늦게 나기 때문에 생긴 이름이다.

식물형태 상록 낙엽 관목, 높이 30cm 안팎, 줄기는 눕거나 비스듬히 자라고, 전체에 회백빛이 나는 흰색의 잔털이 퍼져 나며, 소지(小枝)는 네모지며 흰털이 많이 나 있어 전체가 백분(白粉)으로 덮여 있는 것 같고, 가지와 잎에는 향기가 있다. 잎은 대생하고 두껍고 난형, 도란형 또는 넓은 타원형이며 가장자리에 톱니가 없고 길이 2~5cm, 폭 1.5~3cm 로서 표면에 잔털이 많이 나 있고 회백색이 돌며 뒷면은 은백색이 돌고 잎자루는 5~7mm 이다. 꽃은 7~9월에 피고 벽자색이며 이삭화서 모양의 원추화서는 가지끝에 달리고 화서의 길이 4~7cm 이며 화경(花梗)이 짧은 꽃이 많이 달린다. 꽃받침은 잔 모양이고 5갈래이며 흰털이 많으며, 화관은 입술모양으로 벽자색이며 겉에 흰털이 있고, 수술은 4개로 2강웅예이고, 꽃밥은 자주색이며 암술머리는 연한 자주색으로서 끝이 2개로 갈라진다.

산지 분포지역 : 한국, 일본, 동남아시아, 태평양 연안, 오스트레일리아

자생지: 바닷가 모래땅

약미·약성 특이한 방향이 있고, 맛은 맵고 쓰며 성질은 차다.

성분 휘발성 정유, alkaloid, flavonoid etc.

약리작용 진정, 진통 작용이 증명되었고, 해열작용도 나타난다. 그리고 내장의 순환을 촉진시킨다. 한방에서 뿌리, 줄기, 열매를 대하, 각기, 조경, 이뇨, 신경통, 임질, 거풍, 감기, 소염 등에 약재로 쓴다.

활용 ① 외감성으로 인한 어지럼증, 두통 및 잇몸이 붓고 아픈 증상에 유효하다. ② 간경풍열(肝經風熱)로 눈이 침침하고 멍멍하며, 때로는 눈이 충혈되고 눈물이 나며 붓고 아픈 증상에 활용된다. ③ 혈압이 높고 두통이 심할 때 쓴다. ④ 풍습성(風濕性)으로 사지가 땡기면서 아플 때에 통증을 완화시킨다.

명감나무

학명 Smilax china L.
별명 청미래덩굴, 망개나무, 산귀래

기원 명감나무의 근경을 토복령이라고도 하는데, 옛날에 매독에 걸린 사람이 마을에서 추방되어 산속으로 들어가서 토복령을 먹고 매독이 완치되어 집으로 돌아왔다고 하여 산귀래라는 별명을 갖고 있다.

식물형태 덩굴성 관목으로서 뿌리가 꾸불꾸불 옆으로 뻗는다. 원줄기는 마디에서 이리저리 굽으며 길이 3m 정도로서 갈고리 같은 가시가 있다. 잎은 호생하고 윤채가 있으며 길이 3~12cm, 나비 2~10cm로서 두껍고 둥굴거나 넓은 타원형이며 끝이 갑자기 뾰족해지고 원저 또는 아심장저이며 가장자리는 밋밋하고 기부에서 5~7맥이 나오며 다시 그물백으로 된다. 엽병은 길이 7~20mm이고 탁엽은 덩굴손으로 된다. 꽃은 이가화로서 5월에 피며 황록색이고 산형화서는 잎겨드랑이에 달리며 화경을 길이 15~30mm, 소화경은 길이 1cm정도이다. 열매는 둥글고 지름 1cm정도로서 9~10월에 적색으로 익는다. 종자는 황갈색이며 5개 정도이다.

산지 : 전국적으로 분포하고 있으며 산의 양지 쪽 숲 가장자리와 같은 자리에 난다.

약미·약성 맛은 달며, 성질은 평이하고, 담담하다.

성분 smilax saponin A, B, C, dioscin etc.

약리작용 미상

활용 매독, 임파선염, 지혈, 지사약으로 사용된다. 항암작용이 뛰어나다. 수은 중독을 풀고 간병을 고친다. 땀을 흘리게 하여 소변을 잘 보게 하고 신장염, 방광염, 풍습관절염과 독을 풀어 피를 맑게 한다.

부용

학명 Hibiscus mutabilis
별명 부용의 도시

기원 아욱과의 갈잎떨기나무으로 부용 hibiscus mutabilis linne, 미국부용 hibiscus oculiroseus birton의 꽃이 있다.

식물형태 높이 2m 내외로 가지에 성모가 있다. 잎은 어긋나고 3~7개로 얕게 갈라지지만 갈라지지 않는 것도 있으며 심장저로 별모양의 털과 더불어 잔 돌기가 있다. 갈래조각은 달걀모양의 삼각형이며 둔한 톱니가 있다. 꽃은 8~10월에 피고, 10~13cm로 연한 홍색으로 취산상으로 위 부분의 잎겨드랑이에 1개씩 달린다. 꽃받침은 보통 중앙까지 5개로 갈라지고 선모가 있으며 꽃받침보다 긴 소포가 있다. 열매는 삭과로 둥글고 지름 2.5cm 정도로 퍼진털과 맥이 있다. 종자는 산장형이며 지름 2mm정도로 뒷면에 흰색의 긴털이 있으며 10~11월에 익는다.

산지 중국원산으로 산과 들에서 자란다.

약미·약성 평범하나 서늘하다.

성분 flavonoid, amino acid, tannin etc.

약리작용 용혈성연쇄상구균과 황색포도상구균을 억제하는 작용이 있다.

활용 살갗이 벌겋게 되면서 화끈거리고 열이 나는 병증 및 불이나 뜨거운 물에 데었을 때 가루를 환부에 바르면 삼출물의 흡수를 빠르게 하고 수렴작용이 있어서 상처가 치유된다. 가벼운 타박상에 이 약물의 가루나 신선한 목부용엽을 환부에 붙이는데 심한 경우도 동일한 요법으로 다스린다.

박하

학명 Mentha arvensis L.
별명 박화, 번하채, 야식향, 영생, 향하

기원 약용은 줄기와 잎이다. 박하는 크게 동양계와 서양계로 분류되어 있으며, 서양계는 다시 정유의 성질에 따라 서양박하와 녹색박하 등으로 구분된다.

식물형태 여러해살이 풀이다. 높이는 60~100cm이다. 줄기는 네모지고 곧게 서며, 녹색 또는 적자색이다. 땅속줄기는 희고 통통하며 마디가 있고 끝에는 생장점이 있다. 잎은 마주나며 잎자루가 매우 짧다. 잎 가장자리는 톱니모양을 하고 있어 약간 거칠다. 뿌리는 얕게 뻗으며 곧은 뿌리가 없다. 꽃의 빛깔은 엷은 보라색 또는 희색을 띠며, 동양계는 줄기 위쪽의 잎겨드랑이에 돌아가면서 붙지만 서양계는 줄기 끝에 이삭모양으로 달린다. 꽃잎은 4개이고, 꽃받침은 5갈래이다. 수술은 4개이고, 암술은 1개이며 씨방은 4방이다.

산지 동양계는 중국, 서양박하는 유라시아, 녹색박하는 유럽으로 추정. 습기가 있는 들에서 자란다.

약미·약성 맛은 매우며, 성질은 차갑다.

성분 menthol, menthone, pinene, limonene, camphene etc.

약리작용 해열작용과 소염작용, 건위작용이 있다.

활용 두통이나 어깨 결림 등에 생잎의 즙을 바른다.

여름에 뿌리줄기를 잘라서 음건한다. 박하차를 만들어 마시면 몸을 따뜻하게 하여 감기, 두통에 좋다. 여름에 뿌리줄기를 잘라 두었다가 겨울철 목욕시에 사용하면 몸의 구석까지 훈훈해져 냉증이나 신경통, 타박상, 근육통에 효과가 있다. 일사병이 걸렸을 때 박하 잎을 짓찧어 코 밑에 대주거나 박하뇌를 물에 풀어 솜에 묻혀 코 밑에 대준다. 환자의 의식이 회복되면 찬물에 박하뇌를 약간 섞어서 마시게 하면 도움이 된다.

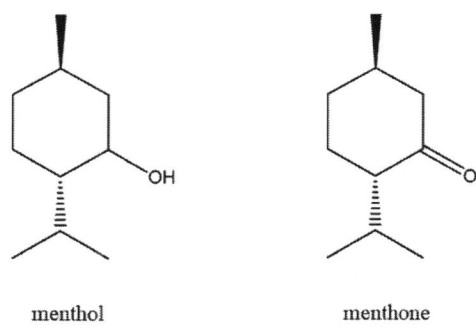

박하 주요성분의 유기화학 구조

보리수

학명 Elaeagnus umbellata
별명 호퇴목(虎頹木)이라고 하고 그 열매를 호퇴자라고 함

기원 보리수나무의 보리는 곡식의 한 종류인 보리를 뜻하는 말이다. 곧 보리가 익을 무렵에 꽃이 피거나 열매가 익는다고 하여 보리수나무라는 이름이 붙었다.

식물형태 높이 3~4m이고 가지는 은백색 또는 갈색이다. 잎은 어긋나고 너비 1~2.5cm의 긴 타원형의 바소꼴이며 가장자리가 밋밋하고 은백색의 비늘털[鱗毛]로 덮이지만 앞면의 것은 떨어진다.

산지 한국(평남 이남)·일본

약미·약성 열매의 맛은 시고 달고 떫으며, 성질은 평하며 독이 없다.

성분 꽃에 점유성분

약리작용 한방에서 열매를 목반하라는 약재로 쓰는데 혈액 순환을 개선시키고 타박상, 기관지 천식, 치질에 효과가 있다.

활용 요통에는 뿌리를 물에 넣고 달여서 복용하면 효과가 있다. 열매로 술을 담그거나, 10월에 붉게 익으며 잼·파이의 원료로 이용하고 생식도 한다.

배풍등

학명 Solanum lyratum Thunb
별명 비상초

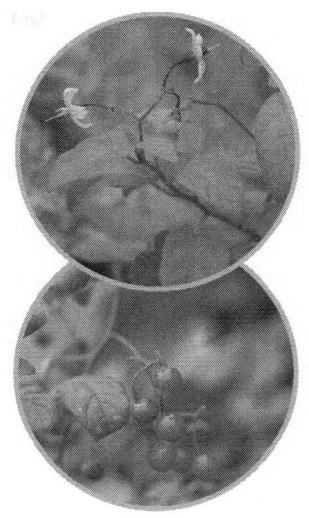

기원 solanaceae의 배풍등 동속 식물의 열매를 백영 이라고 하고 민간에서는 배풍등을 비상초라고 한다.

식물형태 줄기의 기부만 월동하는 다년초로서 끝이 덩굴같으며 줄기와 잎에 선상의 털이 있다. 잎은 호생하고 난형 또는 긴 타원형이며 첨두 심장저이고 길이 3~8cm, 나비2~4cm로서 보통 기부에서 1~2쌍으로 열편이 갈라진다. 화서는 잎과 대상하며 가지가 갈라져서 백색 꽃이 피고 화경은 길이 1~4cm 이며 꽃받침에 둔한 톱니가 있고 화관은 수레바퀴 모양의 5개로 깊게 갈라지고 열편은 피침형으로 뒤로 젖혀진다.

산지 경상남도(지리산, 청성산, 가지산, 재약산), 부산시(금정산, 백야산), 전라북도(덕유산), 경상북도(팔공산)

약미·약성 맛은 달고 쓰며, 성질은 차갑다.

성분 tomatidenol, soladulcidine, solasodine, α,β,γ-solamarine, yamogenin.

약리작용 β-soladulcidine은 mouse의 육종-180에 대해서 저항 작용이 있다. soladulcidine의 항진균작용이 있다.

활용 청혈. 해독. 해열. 황달. 단독. 임질 등에 활용되며, 배풍등의 전초를 민간에서 비상초라고 하여 만성간염에 사용한다.

민간요법으로 초기의 간경변에 배풍등 30~90g을 달여서 복용하며, 류마치성 관절염에 배풍등 30g, 인동30g, 오가피30g을 소주 600g에 담구어 두었다가 복용한다.

백질려

학명 Tribulus terrestris Linne
별명 자질려, 질려자, 즉려(卽藜), 납가새, 방통, 굴인, 지행, 시우, 승추

기원 납가새과에 속한 1년생 혹은 다년생초본인 납가새의 성숙한 과실
식물형태 밑에서 가지가 많이 갈라져 옆으로 자라는데, 잎은 마주나고 4~8쌍의 작은 잎으로 구성된다. 7월에 노란색 꽃이 잎겨드랑이에서 1개씩 핀다. 열매는 5개로 갈라지며, 각 조각에는 2개의 뾰족한 돌기가 있다.
산지 우리나라 전국의 해변 모래사장에 분포한다.
약미·약성 맛은 쓰고 매우며 성질은 따뜻하며 약간의 독성을 가지고 있다.
성분 kaempferol, kaempferol-3-glucoside, tribuloside, peroxidase
약리작용 풍을 잠재우는 약, 간에 작용한다.
활용 간 기운의 상승으로 인한 현훈, 두통, 어지러움에 효과가 있고 뭉친 것을 풀어주어 간의 기를 잘 통하게 한다. 백질려는 눈이 붉게 붓고 아프며 바람을 맞으면 눈물이 나오는 안과질환에도 자주 쓴다. 혈을 잘 돌게 하고 뭉친 것을 풀어주며 간의 기를 잘 통하게 하고 눈을 밝게 하

는 작용이 있어 간의 기운이 상승하여 나타나는 두통과 어지러움, 가슴과 옆구리에 통증이 있고 젖이 잘 나오지 않을 때, 풍열로 인해 눈이 충혈되거나 몸이 가려울 때 등에 효과가 있다. 사용법으로 하루에 6~10g을 복용한다. 외용약으로 사용할 때에는 찧어서 환부에 붙이기도 한다. 청피, 향부자, 시호 등과 배합하여 간의 기운이 막혀 가슴과 옆구리가 아픈 증상을 다스린다.

복령

학명 Poria cocos
별명 복신, 솔뿌리 흑버섯

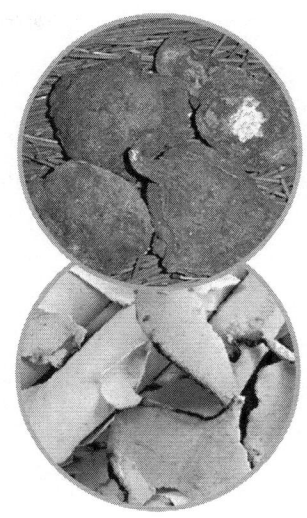

기원 구멍장이 버섯과의 복령 Paria cocos (FR.) WOLF의 균핵을 건조시킨 것이다. 균핵 사이로 소나무 뿌리가 관통한 것을 복신(茯神)이라 한다. 흰색인 것을 백복령(白茯苓), 붉은색인 것을 적복령(赤茯苓)이라 한다.

식물형태 일년 내내 땅속에서 소나무 등의 나무뿌리에 기생한다. 자실체는 전배착생이며 버섯 갓을 만들지 않고 전체가 흰색인데 관이 촘촘하다. 관은 길이 2~20mm로 구멍은 원형 또는 다각형, 구멍 가장자리는 톱니 모양이다. 살은 육계색 또는 흰색이다. 홀씨는 7.5~9×3~3.5㎛의 원기둥 모양으로 조금 구부러지며 한 끝이 뾰족하고 밋밋하며 무색이다. 균핵(菌核)은 지하에 있는 소나무뿌리에 크기 10~30cm로 형성되고 둥근 모양 또는 길쭉하거나 덩어리 모양이다. 버섯 갓 표면은 적갈색, 담갈색, 흑갈색으로 꺼칠꺼칠한 편이며, 때로는 근피(根皮)가 터져 있는 것도 있다. 살은 흰색이고 점차 담홍색으로 변한다.

산지 한국, 중국, 일본, 북아메리카에 있고, 특히 전라북도 남원산이 품질이 좋다. 소나무 등의 나무뿌리에서 서식한다.

약미·약성 맛은 달고, 성질은 평이하다.

성분 ergosterol, histidine, caprylic aicd, dodecenoic acid, lauric acid, palmitic acid, undecanoic acid, lecithin, pachyman, choline, adenien, eburicoic acid, dehydroeburicoic acid, tumulosic acid, pachymic aicd, 3β-hydroxyl-lanosta-7,9(11),24-trien-21-oic acid, carboxyprotease

약리작용 복령의 침제는 가토(家兎), mouse에 대해서 약한 이뇨작용이 있고, 혈당상승 작용이 있다. 복령 추출물은 소화성 궤양의 예방 효과가 있고, 교감신경 흥분, 평활근 마비, 자율운동 진폭 감소, 긴장 저하 작용이 있다. 지라를 건강하게 하고, 안정제, 태열안정, 몸을 따뜻하게 한다. 소화성 궤양, 근육경련, 갈증, 현훈, 정신불안, 실면증에 효과적이다. 한약재로 강장·이뇨·진정 등에 효능이 있어 신장병·방광염·요도염에 이용된다. 접촉성 피부염 억제작용이 있다.

활용 부종, 이뇨, 해열, 지사, 건위, 진정, 위내정수, 근육의 경련

주근깨를 없애고 얼굴을 곱게 하기 위해, 분말로 하여 꿀과 배합하여 얼굴에 바른다. 임질에 달여 마시면 빠른 효과가 있다. 위에 가끔 통증이 오고, 쓰릴 때에 복령, 계피, 대추, 각각 3g과 감초를 조금 넣어서 물 2홉을 넣어 달여서 1홉이 되게 하여 마시면 좋은 효과가 있다. 소변이 잘나오지 않을 때에 5g정도를 달여서 마신다. 지유와 진범을 함께 사용하지 말아야한다. 비위가 쇠약한자는 피한다.

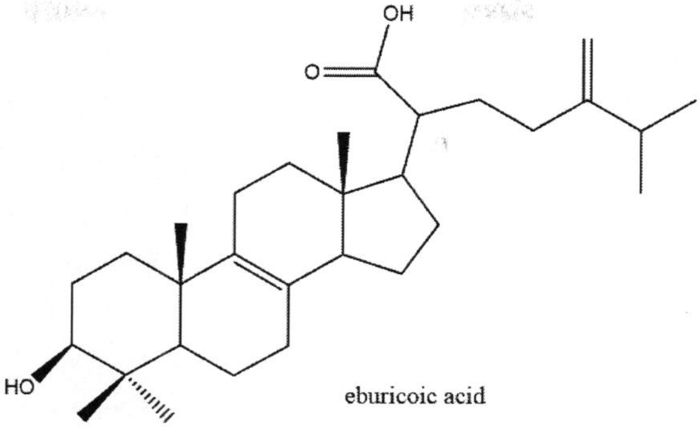

eburicoic acid

복령 주요성분의 유기화학 구조

붉나무

학명 Rhus japonica L.
별명 뿔나무, 오배자나무

기원 Anacardiaceae(옻나무과)의 붉나무 권백Rhus japonica L.의 잎에 오배자 진디물 Schlechtendaria chinensis Bell(Melaphis chinensis Bell)이 기생해서, 그 자극에 의하여 잎에 생성된 충영(벌레집)을 오배자라고 한다. 불규칙한 능각상 또는 혹상 돌기가 있으므로, 중국에서는 각배, 화배 또는 능배 라고 하며, 일본에서는 일반적으로 목부자라고도 한다. 혹상 돌기가 있는 것을 이부자, 분지가 많은 것을 화부자 라고 한다.

식물형태 낙엽소교목으로서 높이가 7m에 달하고 굵은 가지가 드문드문 나오며 가는 가지는 황색이고 털이 없다. 잎은 호생하며 길이 40cm로서 엽축에 날개가 있고 기수1회 우상복엽이며 소엽은 7~13개이고 난형 또는 난상 긴 타원형이며 예두 또는 짧은 점첨두이고 원저 또는 넓은 예저이며 길이 5~12cm, 나비 2.5~6cm로서 표면에 짧은 털이 있고 뒷면에 갈색 털이 있으며 가장자리에 톱니가 드문드문 있다. 꽃은 이가화로서 8~9월에 피고 황백색이며 정생하는 원추화서에 달리고 화서는 길이 15~30cm로서 밀모가 있다. 핵과는 편구형이고 황적색의 잔털로 덮여 있고 지름 4mm로서 익으면 시며 짠맛이 도는 백색껍질로 덮여 있고 10월에 익는다.

산지 전국의 산기슭에 난다. 특히 지리산에서 많이 생산된다. 지금은 농약의 과다 사용으로 오배자 진디물이 번식하지 않아서 오배자의 생산이 많이 되지 않는다.

약미·약성 맛은 시고, 성질은 평이하다.

성분 penta-m-digalloyl-β-glucose, 2-digalloyl-1,3,4,6-tetra- galloyl-glucose, gallic acid, m-digallic acid

약리작용 tannin은 조직중의 단백질과 결합하여 불활성물질을 만들고, 수렴작용을 나타내고, 혈관을 수축, 지혈작용을 나타낸다. 또한 위장의 이상발효에 대해서 살균작용이 있다. 가토의 장관에는 장관의 벽조직에 침입해서 수축성 물질로 작용해서 장관운동을 억제해서 지사작용이 있다. 오배자의 전제는 시험관내에서 황색포도상구균, 폐염구균, 파라티프스균, 티프스균, 이질간균, 탄저간균, 디프테리아균, 녹농간균에 대해서 현저한 억제 및 살균 작용이 있다.

활용 수렴, 진해, 지혈, 지한약으로서 오래된 설사, 폐허에 의한 구해, 소갈, 도한, 하혈, 탈항, 설정, 혈변, 다한, 금창출혈 등에 응용한다. 지금은 거의 약용으로 사용되지 않으며, 타닌산, 몰식자산, 피롤가롤의 제조원료로서, 그밖에 공업용으로서 염료, 잉크의 제조 원료로 사용된다.

2-digalloyl-1,3,4,6-tetragalloylglucose

붉나무 주요성분의 유기화학 구조

수련

학명 Nymphaea tetragona Georgi
별명 자오련, 나뭇수련, 목수련

기원 오후 2시경 꽃잎을 활짝 열었다가 오후 6시에 다시 꽃잎을 닫아 잠을 자기 시작한다. 물론 시간을 정확히 지키는 것은 아니지만 옛날 사람들이 볼 때는 저녁때쯤 잠을 자기 위해 문단속하는 것처럼 보였을 것이다. 해질 무렵이 아니더라도 비가 오면 꽃잎을 닫는다는 것이 마치 "잠자는 연꽃 같다"는 의미에서 수련이라고 한다.

식물형태 다년생 수생식물, 초본 수염 뿌리 땅속 줄기 잎은 단엽, 엽병은 긴 자루, 엽신은 순형, 이면은 자주색: 화서는 단정화서, 꽃은 양성화, 7~8월 개화, 흰색, 지름 5cm, 화피는 8~15개, 장타원형, 꽃받침은 녹색, 4장 수술은 다수, 약은 노란색, 암술은 자방상위, 다심피, 과실은 삭과, 9~10월 성숙, 구형.

산지 한국(중부이남), 일본, 대만, 중국, 아무르, 우수리, 사할린, 캄차카, 시베리아, 유럽, 북미

약미·약성 맛은 달면서도 떫다.

성분 amino acid, alkaloid etc.

약리작용 소아경풍, 불면증, 지혈, 신경안정, 우울증, 혈압조절, 변비예방, 콜레스테롤을 낮추어 주는 작용을 하며, 위염이나 위궤양, 코피를 자주 흘리는 사람에게 좋다.

활용 불면증에는 수련 온포기 또는 뿌리 12~15g을 1회분으로 달여서 하루 2~3회씩 4~5일 복용한다.

코피가 자주 나는 사람은 연근을 간 즙을 2~3배 되는 양의 뜨거운 물에 타서 마신다. 하루에 두세번 정도 나눠서 마신다.

산사나무

학명 Crataegus pinnatifida
별명 아가위나무, 찔광나무, 애광나무, 동배나무, 당구자

기원 산사나무의 붉은 열매와 흰꽃은 붉은 태양이 떠서 환해지는, 즉 해뜨는 아침으로 비유한다. 중국의 산사수(山査樹)에서 이름을 얻은 산사나무는 이름속에서 산(山)에서 자라는 아침(旦: 해뜨는 모양)의 나무(木)로 풀이되는 것이다. 우리나라에서는 지방에 따라 산사나무를 두고 아가위나무, 야광나무, 이광나무, 똥광나무 등 여러 이름으로 부르곤 한다.

식물형태 높이 3~6m이다. 나무껍질은 잿빛이고 가지에 가시가 있다. 잎은 어긋나고 달걀 모양에 가까우며 길이 6~8cm, 나비 5~6cm이다. 가장자리가 깃처럼 갈라지고 밑부분은 더욱 깊게 갈라진다. 양면 맥 위에 털이 나고 가장자리에 불규칙한 톱니가 있으며 잎자루는 길이 2~6cm이다.

산지 한국·중국·시베리아 등

약미·약성 맛은 시고 달며, 성질은 약간 따뜻하며, 독은 없다.

성분 단백질, 지방, 회분, 구연산, 크비드, 판토스, 수산칼슘, 비타민C, 아

미그달린, 히페린, 지방유

약리작용 어혈제거, 혈압강하작용, 항균작용, 소화장애, 자궁수축작용이 있다.

활용 산후 어혈로 아랫배가 몹시 아픈 경우 산사자 15~20g을 물 300cc로 끓인 다음 반으로 줄면 설탕을 조금 타서 마신다.

급성 장질환으로 설사할 경우 산사 열매 속에 들어 있는 씨를 발라 내 하루 20~40g 씩을 물 500cc로 끓여 반으로 줄여 하루동안 나누어 마신다. 생것을 너무 많이 복용하면 쉽게 배가 고프며 치아가 손상된다. 그러므로 공복에 복용해서는 안 된다.

석류나무

학명 Punica granatum L
별명 산석류, 석누나무, 석류목, 석류수, 안석류, 해류

기원 Punicaceae(석류나무과)의 석류나무 Punica grangtum L. 수피 및 근피를 석류피라고 하며, 성숙한 과실의 과피를 건조한 것을 석류과피 라고 한다. 현재 중국에서는 과피(果皮)만을 사용하고 있다. 성서에 의하면 솔로몬 왕은 석류과수원을 가지고 있었고, 유대인들이 이집트에서의 편안한 생활을 버리고 황야를 떠돌아다닐 때 그들의 기억속에 남아 있는 석류의 시원함을 간절히 소원하였다고 한다. 그로부터 수세기가 지난 뒤 예언자 마호메트는 "질투와 증오를 없애려면 석류를 없애라"고 말했다고 한다.

식물형태 엽소교목으로서 키가 5~7m 정도 자라며, 밝은 초록색의 잎은 타원형 또는 피침형으로 길이가 약 75mm이다. 잎겨드랑이에 달리는 오렌지빛 붉은색의 아름다운 꽃이 잔가지 끝쪽을 향해 핀다. 꽃받침은 통모양으로 오랫동안 붙어 있으며 5~7갈래로 갈라졌고, 꽃잎은 피침형으로 갈라진 꽃받침 사이에 놓여 있다. 씨방은 꽃받침통 속에 묻혀 있으

며 2층으로 되어 있는데, 위아래 모두 많은 방으로 나누어져 있다. 열매는 크기가 큰 오렌지만하고 6면으로 나누어져 있으나 불분명하며, 부드러운 가죽질의 껍질은 갈색 빛이 나는 노란색에서 붉은색을 띤다. 석류의 안쪽은 여러 개의 방으로 나뉘고, 각 방에는 가늘고 투명한 소낭(小囊)이 들어 있는데, 소낭은 붉은색을 띠는 즙이 많은 과육으로 이루어졌으며 길고 각이 진 씨를 둘러싼다.

산지 전국

약미·약성 시고 떫으며 따뜻하다.

성분 가식부는 약 20%에 지나지 않는다. 과즙의 주요 성분은 당질(전화당으로서 13.9%)과 유기산 (구연산으로서 1.5%)이다. 비타민류는 비타민 C 10mg% 전후 외에는 거의 없다. 줄기와 뿌리의 껍질에는 휘발성 알칼로이드인 펠리티에렌(pelletierene), 슈도펠리티어렌(pseudopelletierene) 등이, 열매 껍질에는 탄닌, 점액질, 고미질 등이 또 꽃에는 푸니신(punicin), 씨에는 푸니식산(punicic acid)의 글리세라이드(glyceride)가 함유되어 있다.

약리작용 촌충 살충 효과가 뛰어나고, 체외 실험에서는 황색포도상구균, 연쇄상구균, 콜레라균, 이질균, 녹농균, 결핵간균의 발육을 억제하는 작용이 현저하다. 그 밖에도 인플루엔자균, 피부진균을 억제하는 효과도 크다.

활용 시고 떫은 맛은 대장(大腸)에 들어가서 오래 된 설사, 이질을 치료한다. 단방으로는 물을 넣고 달이거나 태워서 그 가루를 복용한다. 장내(腸內) 기생충으로 인한 복통이 있을 때 약물 달인 물이나 가루를 복용한다.

열매 속의 씨를 설탕과 함께 절여두면 술이 되는데, 식체, 곽란에 대단히 효과가 있다. 석류꽃을 차로서 상용하면 설사, 백대하에 효과가 있다. 뼈마디에 종기나 부스럼이 났을 때 석류 달인 물로 씻으면 바로 효과가 있다. 참기름에 석류를 넣어 두었다가 이것을 화상에 바르면 아주 효과가 있다.

삼백초

학명 Saururus chinensis
별명 오로백, 오엽백, 수목통, 삼점백

기원 Saurceraceae(삼백초과)의 삼백초 Saururus chinensis Baill의 전초를 건조한 것을 약용으로 사용한다. 잎, 꽃 및 부리가 백색이기 때문에, 또는 윗부분에 갈린 2~3개의 잎이 희어지기 때문에 삼백초라 한다. 시장에는 약모밀(어성초) Houttuyria cordata과 혼돈하여 사용되는 경우가 종종 있으나, 완전히 다른 식물이므로 주의가 필요하다.

식물형태 제주도 협재근처의 습지에서 자라는 다년초로서 높이 50~100cm이며 근경은 백색이고 옆으로 벋어간다. 잎은 호생하며 긴 난상타원형이고 길이 5~15cm, 너비 3~8cm로서 5~7맥이 있으며 끝이 뾰족하고 가장자리가 밋밋하며 밑부분은 심장상 이저(耳底)이고 표면은 연한 녹색, 뒷면은 연한 백색이지만 윗부분의 2~3개의 잎은 표면이 백색이다. 엽병은 길이 1~5cm 로서 밑 부분이 다소 넓어져서 원줄기를 안는다. 꽃은 양성으로서 6~8월에 피며 백색이고 수상화서는 잎과 대생하며 길이 10~15cm로서 꼬불꼬불한 털이 있고 밑으로 처지다가 곧

추선다. 열매는 둥글고 종자는 각 실(室)에 대개 1개씩 들어 있다.

산지 한국(제주도 협재 부근의 습지)·일본·중국

약미·약성 맛은 달고 매우며, 성질은 차갑다.

성분 methyl-n-nonyl-ketone, tannin, isoquercitrin, quercitrin, rutin

약리작용 항균 및 항바이러스작용과 이뇨작용이 있다.

활용 소종, 해독, 청열리수, 항암제(주로 민간약으로 사용한다.), 성인병, 고혈압, 화농성 유막염

항문 근처의 부스럼에 전초를 찧어서 즙을 내어 그 즙을 몇 번 바르면 효과가 있다. 축농증 치료에 잎 2~4g을 소금과 같이 비벼서 2홉의 물에 달여 다시 소금 3g정도를 넣어 미지근할 때 코로 빨아서 뱉기를 계속하거나, 생잎을 비벼서 코를 막으면 콧물이 나오고 무겁던 머리가 가벼워진다. 생잎을 이 사이에 끼우면 치통이 가신다. 방광염에 10g정도 달여 먹는다. 임질에 10g정도를 노란 설탕 10g과 함께 달여 마신다. 차와 같이 전초를 달여 마시면 고혈압에 좋다. 차처럼 계속하여 달여 마시면 암 예방 및 성인병에 좋다. 음낭의 피부병에 삼백초의 즙을 바른다.

살구나무

학명 Prunus armeniaca var. ansu Max.
별명 행인(杏仁), 고행인(苦杏仁), 덕아(德兒), 초금단(草金丹), 행자(杏子)

기원 쌍떡잎식물 장미목 장미과의 낙엽소교목 인 살구나무이다. 행인은 벗나무과에 속하는 살구나무와 산살구나무의 열매로 4월에 담홍색의 꽃이 잎보다 먼저 피고, 7월에 둥근 열매가 황색 또는 황적색으로 익는다. 열매는 행자, 행인라고 하는데 지름이 3cm 정도 되고 몸에 털이 많다. 종자의 표면은 황갈색이거나 진한 갈색이다.

식물형태 높이는 5m에 달하고, 나무껍질은 붉은빛이 돌며 어린 가지는 갈색을 띤 자주색이다. 잎은 어긋나고 길이 6~8cm의 넓은 타원 모양 또는 넓은 달걀 모양이며 털이 없고 가장자리에 불규칙한 톱니가 있다. 꽃은 4월에 잎보다 먼저 피고 연한 붉은 색이며 지난해 가지에 달리고 꽃자루가 거의 없으며 지름이 25~35mm이다. 꽃받침조각은 5개이고 뒤로 젖혀지며, 꽃잎은 5개이고 둥근 모양이다. 수술은 많으며 암술은 1개이다. 열매는 핵과이고 둥글며 털이 많고 지름이 3cm이며 7월에 황색 또는 황색을 띤 붉은 색으로 익는다.

산지 중국(원산), 한국, 일본, 몽골, 미국, 유럽

약미·약성 맛은 시고 달며, 성질은 약간 따뜻하며, 약간의 독성이 있다.

성분 amygdalin, 지방유, 단백질, 각종 amino acid, amygdalose, prunase, pruansin 등이 들어있다.

약리작용 진해, 항종양작용, 기침, 천식, 기관지염, 인후염, 급성폐렴, 변비에 사용된다.

활용 해열·진해·거담·소종 등의 효능이 있어 기침·천식·기관지염·인후염·급성폐렴·변비에 사용한다. 민간에서는 개고기를 먹고 체했을 때 종자를 달여 마신다. 또한 종자는 여성의 피부 미용에도 사용한다.

천식이 심할 때에는 행인 한 냥을 피첨(皮尖; 알맹이 끝의 씨눈)을 떼어버리고 볶아서 가루를 내어 쌀죽에 넣어 끓인다. 이것을 공복에 2홉씩 먹으면 좋은 효과를 볼 수 있다.

전신이 부었을 때에는 살구 잎을 진하게 삶아 농즙을 만들어 매일 3차례씩 씻고 또 이 즙을 1컵씩 마시면 효과가 좋다.

어린이 두창에는 살구씨를 까맣게 태워 가루로 만들어 바른다. 진물이 없으면 참기름으로 개어 바르면 된다.

선복화

학명 Inula japonica Thunberg
별명 도경(盜庚), 대심(戴椹), 금전화(金錢花), 하국(夏菊), 들국화, 금잔화, 옷풀, 금비초

기원 국화과에 속한 다년생초본인 금불초의 꽃
식물형태 높이 20~60cm. 줄기는 곧게 서며 줄기잎은 어긋난다. 꽃은 7~9월에 노란색으로 피며, 수과는 길이 1mm 정도로서 10개의 능선과 더불어 털이 있다. 약재형태는 편구형~구형이며 지름 10~15mm이다. 여러 개의 총포로 이루어져 기와모양으로 배열되어 있다. 포의 조각은 작은 비늘 모양으로 회황색이며 길이 4~6mm이다. 총포의 밑부분에는 꽃받침의 흔적이 있고 포의 조각과 꽃받침의 바깥면은 백색의 털로 덮여 있다.
산지 우리나라 전국 각지의 산야의 습지에 자생한다.
약미·약성 맛은 쓰고 맵고 짜며, 성질은 약간 따뜻하다.
성분 taraxasterol, xanthalongin, luteolin, quercetin, isoquercetin, caffeicacid
약리작용 가래와 기침을 멎게 하는 약, 기관지의 항경련작용과 이뇨작용

등이 있다.

활용 폐와 비장, 위, 대장에 작용한다.

폐에 작용하여 폐의 기를 잘 통하게 하고 담을 없애며 수분 대사를 원활하게 하는 작용이 있어 기침을 심하게 하면서 가래가 끓거나 가슴이 답답하고 막혀 있을 때, 구토와 트림이 나거나 명치끝이 그득하고 아플 때 등에 효과를 나타낸다. 여름과 가을에 막 피기 시작한 꽃을 채취하여 잡질을 제거한 뒤 햇볕에 말려서 이용한다. 하루에 4~12g을 복용한다. 주로 구토와 가래를 없앨 목적으로는 생용하고, 기침을 멈추는 목적으로 사용할 때는 꿀을 섞어 불에 볶은 뒤에 복용한다.

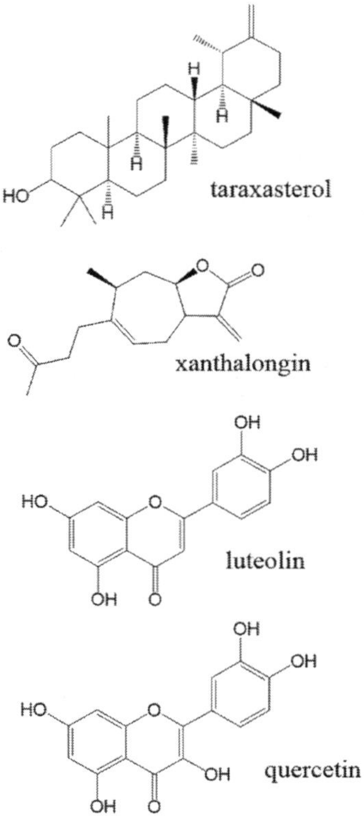

taraxasterol

xanthalongin

luteolin

quercetin

선복화 주요성분의 유기화학 구조

신이

학명 Magnolia denudata
별명 꽃봉오리

기원 백목련 Magnolia denudata Desrousseaux 및 그 밖의 동속 근연식물(목련화 Magnoliaceae)의 꽃봉오리

식물형태 생김새는 털붓을 닮은 꽃봉오리로 끝쪽이 약간 뾰족한 계란모양 또는 방추형이다. 바깥 면은 황백색이나 녹갈색의 부드럽고 윤이 있는 털이 빽빽히 나있고 안쪽의 기부에는 흑갈색의 거칠은 비늘 모양의 인편이 여러 장의 기왓장 모양으로 겹쳐져 있다. 또한 3장의 싸고 있는 잎이 있고 세로로 자르면 9장의 화피(花被)와 여러 개의 황갈색 수술 및 1개의 갈색 암술이 있으며 부서지기 쉽다. 이 약은 녹색이 진하고 방향이 강하며 꽃대 및 꽃받침이 없는 것이 좋다.

산지 중국산지

약미·약성 특이한 향기가 있고 맛은 매우며 성질은 따듯하다.

성분 veragensin, lignan, magnolone, coclaurine, sodium arachidonic acid

약리작용 수렴작용, 모세혈관확장작용, 항염증작용, 혈압강하작용, 진통, 진정작용, 피부진균과 포도상구균 억제작용이 보고되었다.

활용 신이는 몸 안에 있는 차가운 기운과 풍으로 오는 코막힘, 축농증을 치료하며 콧물이 흐르며 냄새를 맡지 못하는 증상, 두통이나 집중력이 떨어지는 증상, 오한, 발열, 전신통을 치료하며 가래가 많이 나오는 기침 등에 효과가 있다.

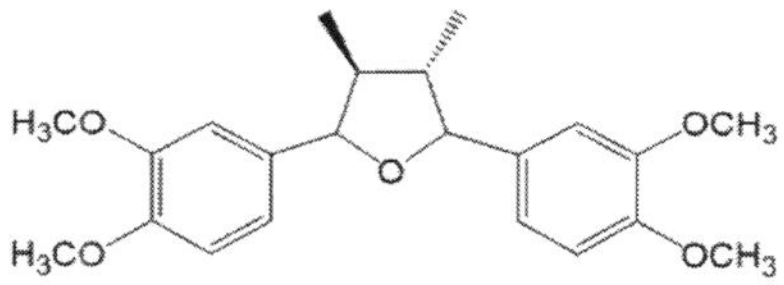

veragensin

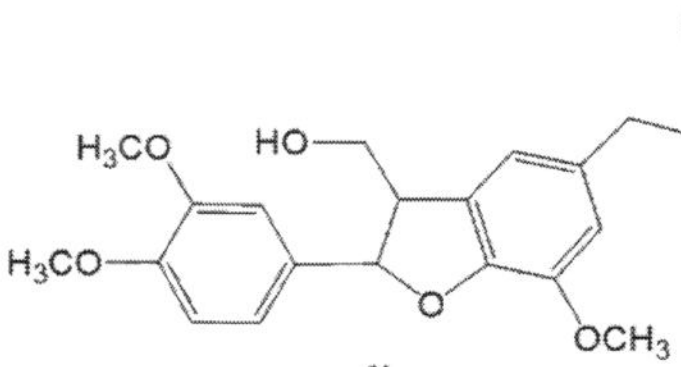

lignan

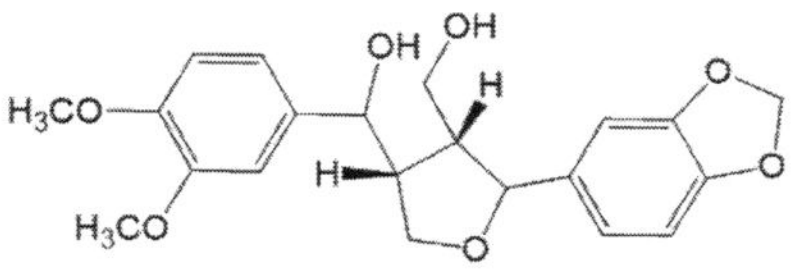

magnolone

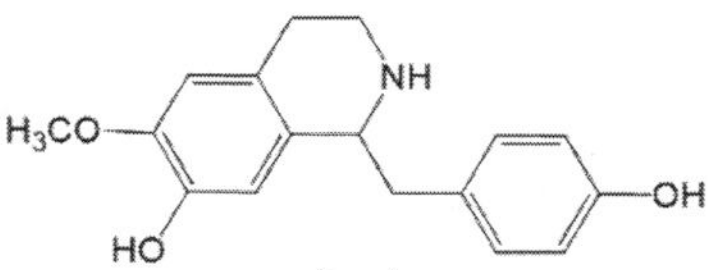

coclaurine

신이 주요성분의 유기화학 구조

소태나무

학명 Picrasmae Lignum
별명 고수, 고피수, 고련수, 고첨목

기원 Simaroubaceae(소태나무과) Picrasma quassioides Bennet의 줄기의 수피를 제거한 재를 건조한 것을 고목 이라고 한다. 그러나 일반적으로 시장품은 수피가 부착되어 있는 줄기가 유통되고 있으며, 주로 민간약으로 사용한다.

식물형태 엷은 황색의 자른 조각, 부서진 조각, 짧은 나무조각이고 질은 치밀하다. 횡단면에는 뚜렷한 나이테 및 방사상의 가는 줄을 볼 수 있다. 횡단면을 현미경으로 보면 수선은 너비 1~5세포열, 종단면은 높이 5~50세포층으로 되어있다. 춘목의 도관은 지름 약 150㎛에 이르지만 추목의 도관은 그 1/5에 지나지 않는다. 이들 도관은 어느것이든지 단독 또는 여러개가 서로 접하여 목부 유조직 중에 들어 있다. 목부섬유는 매우 두껍게 되어 있으며 소수의 수산칼슘결정을 볼 수 있고 수선 및 목부유세포에는 전분립이 들어 있다. 도관에는 가끔 선황색 또는 적갈색의 수지상 물질을 함유하고 있는 것이 있다

산지 한국·일본·타이완 및 중국 산지

약미·약성 냄새가 없고 맛은 몹시 쓰고 잔류성이며 쓰고, 성질은 차다.

성분 quassin, picrasmin, picrasin A.B.C.D.E.F, etc

약리작용 건위 작용이 있어서 식욕 증진을 보이는데, 과량 사용하면 구토를 일으킨다. 그리고, 요충 치료 효과가 있다.

활용 고미건위약, 소화불량, 위염, 식욕부진에 사용, 열매는 치질의 치료, 껍질은 입술 튼데, 기름 화상에 민간약으로 이용한다.

① 열과 습을 제거하므로 위장염, 담낭염, 이질에 유효하다. ② 급성 화농성 감염질환을 치료하므로 옴이나 버짐 및 습진, 화상 등에 효력을 나타낸다. ③ 독성이 있으므로 임산부는 복용을 금한다. ④ 민간에서는 나무 전체를 솥에 넣고 끓인 물을 살충제로 쓴다.

쇠뜨기

학명 Equisetum arvense
별명 문형, 공모초, 마봉초, 황마초, 절절초, 쇠뜨기, 즌솔, 준솔, 북쇠뜨기, 호스테일(horse tail: 말의꼬리: 미국), 필두채(筆頭菜), 필두엽(筆頭葉), 공방초(空防草), 마초(馬草), 토마황(土麻黃), 토필(土筆), 뱀밥 등으로 부른다.

기원 Equisetaceae(속새과)의 쇠뜨기 Equisetum arvense L의 전초를 문형이라고 한다. 쇠뜨기란 소가 뜯는다는 뜻으로, 역시 소가 잘 먹는다.

식물형태 땅속줄기가 길게 뻗으면서 번식한다. 이른 봄에 자라는 것은 생식줄기인데, 그 끝에 포자낭수가 달린다. 가지가 없고 마디에 비늘 같은 연한 갈색잎이 돌려난다. 영양줄기는 생식줄기가 스러질 무렵에 자라는데, 곧게 서며 높이 30~40cm로 녹색이고 마디와 능선이 있으며, 마디에 비늘 같은 잎이 돌려나고 가지가 갈라진다. 포자낭수는 타원 모양인데 육각형의 포자엽이 밀착하여 거북의 등처럼 되며, 안쪽에는 각각 7개 내외의 포자낭이 달린다.

산지 전국의 들과 밭에서 난다.

약미·약성 맛은 쓰고, 성질은 서늘하다.

성분 전초는 equisetonin, equisetrin, isoquercitrin, galuteolin, 규산(함량은 마른 생엽의 5.19~7.77%), 유기산, 지방, β-sitosterol, palustrine, dimethylsulfone, thimine, 3-methoxypyridine, 여러가지 아미노산이 들어 있다. 포자에는 articulatin, triacontanedicarbonic acid, gossypitrin와 herbacetrin, isoarticulatin이 들어 있다.

약리작용 이뇨 작용: 신선한 전초의 알코올 가용 성분, 액체성 엑스, 유동엑스에는 이뇨 작용이 있으나 강하지 않다. 탕제는 아직 이뇨 작용이 확인되지 않았다. 순환계에 대한 영향: 탕제(1:2)를 토끼, 개에게 정맥주사하면 혈압을 하강시키고 반사성 호흡, 흥분을 일으킨다. 혈압을 낮추는 작용은 atropine의 영향을 받지 않으며 혈압을 낮추는 성분은 물에 용해되고 알코올과 클로로포름에는 용해되지 않는다. 소량의 신선한 탕제는 적출한 개구리 심장의 수축력을 증가시키지만 대량으로 쓰면 수축력을 억제한다. 기타 작용: 임상에서 쇠뜨기로 당뇨병을 치료한 예가 있으나 동물 실험에서는 이 작용이 아직 증명되지 않았다. 치질 및 자궁출혈인 경우 지혈제로 썼다는 보고도 있다. 함유되어 있는 equisetrin은 palustrine과 동일 물질이고 말에게는 독이 있지만 사람에게는 독이 없다.

활용 열을 내리고 혈분(血分)에서 사열(邪熱)을 제거하며 지해(止咳), 이뇨 효능이 있다. 토혈, 비출혈, 변혈, 대상 월경, 해수, 기급(氣急), 임병(淋病)을 치료한다. 소변이 잘나오지 않을 때 문형 10g을 물 한컵에 달여서 마신다. 최근에 쇠뜨기가 암에 효과가 있다고 잘못 선전되어서, 쇠뜨기를 많이 복용하여, 쇠뜨기의 독성분에 중독되는 경우가 있으므로 주의가 필요하다.

삽주

학명 Atractylodes japonica Koidz
별명 참삽주

기원 Compositae(국화과)의 삽주 Atractylodes japonica Koidz · 의 지하부를 건조한 것을 백출(白朮)이라고 하며, A · lanecea 또는 A · chinensis 의 근경을 창출(蒼朮)이라고 한다. 중국산 蒼朮(창출)은 A · lancea, A · lanceae var · shinensis의 근경을 건조한 것이다. 중국산 白朮은 A · ovata의 근경을 사용한다. 신농본초경(神農本草經)에는 朮로서 기재되어 있으며, 명의별록(名醫別祿)에서부터 창출(蒼朮)과 백출(白朮)로 나누어져 있다.

식물형태 줄기는 곧게 서고 윗부분에서 가지가 몇 개 갈라지며 높이가 30~100cm이다. 줄기에 달린 잎은 어긋나고, 줄기 밑 부분에 달린 잎은 깊게 깃꼴로 갈라지며, 갈라진 조각은 3~5개이고 타원 모양 또는 달걀을 거꾸로 세운 모양의 긴 타원형이며 표면에 윤기가 있고 뒷면에 흰빛이 돌며 가장자리에 가시 같은 톱니가 있고 잎자루의 길이가 3~8cm이다. 꽃은 암수딴그루이고 7~10월에 흰색으로 피며 줄기와 가지 끝에 두상화가 1개씩 달린다. 포는 꽃과 길이가 같고 2줄로 달리며 깃꼴로 갈라진다.

산지 전국의 산야

약미·약성 창출 : 맛은 달고 맵고, 성질은 따뜻하다.

백출 : 맛은 쓰고 달고, 성질은 따뜻하다.

성분 백출: atractylon, 3-β-acetoxyatractylon, atractylenolide Ⅰ, Ⅱ, Ⅲ, eudesma-(4,14)-(7,11)-dien-8-one, furfural

창출: atractylodin, atractylodinol, acetylatractylodinol, atractylol

약리작용 혈당치 억제, 혈관 확장작용, 방훈작용, 중추마비작용, 항진 작용이 있다.

활용 한방에서 말하는 수독(水毒)을 제거하는 요약(要藥)으로서 신장(腎臟) 기능감퇴에 의한 수변불이(水便不利), 신체동통(身體疼痛), 위장염(胃腸炎), 부종(浮腫) 등에 이용한다.

삽주 주요성분의 유기화학 구조

세신

학명 Asiasarum heterotropoides F. Maekawa var. mandshuricum F. Maekawa, Asiasarum sieboldi F. Maekawa

별명 소신(小辛), 세초(細草), 소신(少辛)

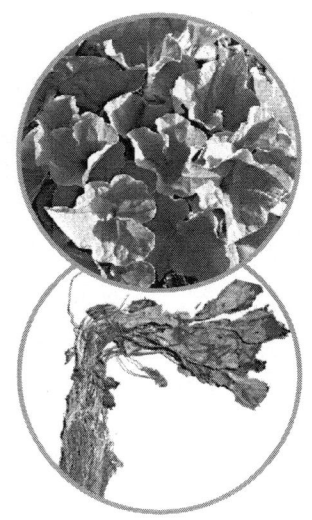

기원 쥐방울덩굴과에 속한 다년생초본인 족도리풀의 뿌리를 포함한 전초

식물형태 뿌리줄기는 마디가 있고 육질이며 매운맛이 있다. 줄기 끝에서 2개의 잎이 나오고 잎 몸은 심장형이다. 꽃은 4~5월에 검은 자주색으로 피며, 잎이 나오려고 할 때 잎 사이에서 1개씩 나온다. 열매는 장과 모양이다. 약재형태는 고르지 않게 구부러진 노끈모양을 이루고 길이 2~4cm, 지름 2~3mm의 황갈색의 마디가 진 뿌리줄기에 길이 약 15cm, 지름 약 1mm의 뿌리가 많이 달린 것으로서 그 바깥 면은 엷은 갈색~어두운 갈색으로 밋밋하거나 극히 얕은 세로 주름이 있다.

산지 우리나라 전국 고산의 음지에 자생한다. 여름과 가을에 채취하여 그늘에 말린다.

약미·약성 맛은 맵고, 성질은 따뜻하다.

성분 북세신의 뿌리에는 정유가 약 3% 함유되어 있는데, 그 주성분은 methyleugenol, sesamine, safrole, β-pinene, phenol성 물질, eucarvone 등

약리작용 땀을 내어 사기를 몰아내는 약, 면역력증강, 해열과 진해, 거담작용이 있다. 심근수축을 강화하여 심장운동을 조절한다.

활용 심장과 폐, 신장에 작용한다. 세신은 밖으로는 추위를 몰아내고 안으로는 속이 차서 생긴 담을 없애고 막힌 것을 뚫어주는 작용과 진통작용이 있다. 따라서 감기로 인한 두통과 몸살, 가래가 많이 끓으면서 기침을 할 때, 맑은 콧물이 흐를 때 등에 효과를 나타낸다. 5~7월에 뿌리를 채취하여 잡질과 진흙을 제거한 후 물에 담그었다가 그늘에 말려서 사용한다. 하루에 2~4g을 복용한다.

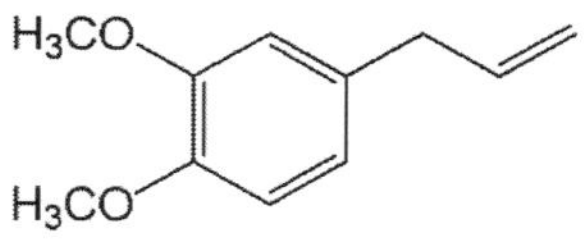

methyleugenol

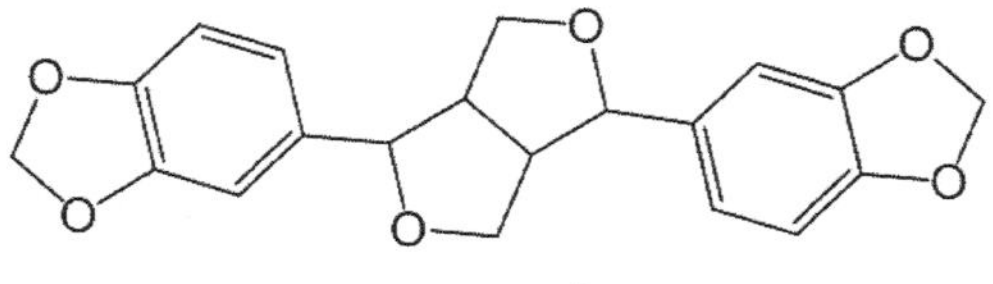

sesamine

세신 주요성분의 유기화학 구조

쑥

학명 Artemisia princeps Pamp
별명 애호, 약쑥, 사자발쑥

기원 약용은 식물체 전체를 쓰며, 늦은 봄과 이른 여름, 꽃이 피기 전에 채취하여 양건 또는 음건한 것을 사용한다. 한반도에는 쑥과 비슷한 식물로서 황해쑥, 참쑥 등 여러 종류가 있다. 곰이 쑥과 마늘을 먹고 사람으로 되었다는 한국의 개국설화에서도 볼 수 있듯이, 쑥은 신비한 약효를 지니는 식물로 예로부터 귀중히 여겨왔다.

식물형태 여러해살이풀로서 높이는 60~120cm 이다. 줄기는 모서리줄이 있으며 전체에 흰빛의 털이 있다. 뿌리줄기는 옆으로 뻗는다. 뿌리잎은 일찍 죽는다. 줄기잎의 잎몸은 길둥근꼴이며 길이 6~12cm, 폭 4~8cm로서 회록색이고 깃꼴로 깊게 갈라진다. 갈라진 잎조각은 2~4쌍이고 넓은 바소꼴이다. 잎 뒷면은 흰빛의 털이 많다. 꽃은 8~9월에 황적색으로 피고, 길이 2.5~3.5mm로서 한쪽으로 치우쳐 밑을 향한다.

산지 한국 곳곳의 빛이 있는 풀밭, 길가, 산과 들에서 자란다. 한반도에서는 주로 중부 이남에 자라며, 세계적으로는 일본 등지에 분포한다.

약미·약성 맛은 맵고, 쓰다. 성질은 따뜻하다. 쑥은 나쁜 냄새나 공기 중에 있는 이물질을 흡수하는 성질이 강하다

성분 eucalyptol, thujone, cineol, adenine, β-sitosterol, α-amyrin, thujyl alcohol, cadinene etc.

약리작용 지혈작용, 항진균작용, 진해작용, 거담작용, 건위작용, 성숙한 잎과 말린 것은 곽란, 지혈, 회충, 산후하혈, 토혈, 하리, 개선, 안태, 과식, 주혈, 복통, 토사, 생리통, 생리불순, 대하 등의 약으로 쓰인다.

활용 봄에 잎을 따서 쑥술을 만든 후 조금씩 마시면 입냄새를 없애기도 하며, 말린 쑥잎 20~30g을 헝겊주머니에 넣어 목욕하면 요통을 다스린다. 5월 단오 전후의 쑥은 즙을 내어 조금씩 마시면 설사를 멈추게 하는 효과가 있다. 잎의 흰 털을 모아 뜸을 뜨는 데 쓰기도 한다. 말린 쑥을 차로 달여 마시면 신경통에 좋다. 여름에 모깃불을 피워 모기를 쫓는 재료로도 사용한다.

오가피

학명 Acanthopanacis Cortex
별명 오갈피나무

기원 잎이 다섯 개로 갈라져 있으며 하나의 가지에 다섯 개의 잎이 나는 것이 좋다 하여 오가(五佳)라고 하였다가 지금의 오가(五加)로 바뀌었다고 한다.

식물형태 관상 또는 반관상으로 바깥 면은 황갈색이나 어두운 회색으로 평탄하며 군데군데 가시가 있거나 또는 그 자국이 있고 비교적 어린 가지의 껍질에는 회백색 반점이 있다.

산지 아시아

약미·약성 맛은 맵고 쓰며, 성질은 따뜻하다.

성분 주요 성분은 리그난 배당체, eleutheroside B, eleutheroside E, 다당류, 사포닌, 세사민, 터페노이드, 플라보노이드, 쿠마린 유도체 등

약리작용 면역증강, 항산화, 항피로, 항고온, 항자극작용, 내분비기능 조절, 혈압조절, 항방사능, 해독작용이 있다.

활용 ① 노인들의 신경통·변형성 관절염에는 오가피·두충 각 같은 양

을 부드럽게 가루 내어 술로 쑨 풀에 반죽하여 0.3g 알약으로 만들어 하루 세 번 식후 15~30알씩 먹는다. ② 어른들의 각기·남자의 음위·여자의 음부소양증(가려움)·방사선병 예방·치료에는 하루 6~9g을 달임약·가루약·약술 형태로 먹는다. ③ 어린이의 칼슘 결핍에 의한 발육부진·신체연약·무력증상이나 세 살이 지나도록 걷지 못할 때는 오가피·쇠무릎풀·모과를 5·3·3 비율로 섞어 가루 내어 한 번에 1g씩 미음에 타서 하루 세 번 먹는다. ④ 소아 척수마비 후유증에는 오가피를 가루 내어 1회에 6~8g식 하루 3번 먹인다. ⑤ 소아 발육 부전증에는 가루 낸 오가피를 1~1.5g씩 하루 3번 먹는다. ⑥ 허리와 등뼈가 아플 때 오가피를 술에 담가 우려낸 물을 마신다. ⑦ 당뇨병에는 가시오가피 잔가지 또는 뿌리껍질 6~8g을 1회분으로 하여 달여서 하루 1~2회씩 장복한다. ⑧ 류마티스성 관절염 : 오가피 12~24g을 물 200ml에 달여 하루 3번에 나누어 먹는다. ⑨ 심장에 이상이 생길 경우, 인삼만큼 효과가 있는 가시오갈피를 달여 하루에 15g씩 먹는다. 동의보감을 응용한 민간요법에서 인삼만큼 좋다고 알려진 것이 바로 가시오갈피이다. 가시오갈피 줄기의 껍질은 혈중 콜레스테롤을 줄일 뿐 아니라, 면역 능력을 강화해, 심장병, 동맥경화증에 아주 좋다. 협심증이나 심근경색으로 가슴이 답답하고 아픈 사람들은 가시오갈피를 하루에 15g씩 끓여 마시면 된다. ⑩ 몸이 나른할 때, 뿌리를 가루 내어 한번에 2~3g씩 하루 2~3번 물에 타서 먹는다. 몸이 허약한 데, 앓고 난 뒤에 보약으로 쓰이며 빈혈, 저혈압, 신경쇠약, 정신 및 육체적 피로 등으로 몸이 나른할 때 오랫동안 먹으면 효과가 있다.

eleutheroside B(syringin)

eleutheroside E

오가피 주요성분의 유기화학 구조

오미자

학명 Schizandra chinensis Baillon
별명 북오미자

기원 Schizabdraceae의 오미자 Schizandra chinensis Baillon의 과실을 오미자, 북오미자라고 한다. 남오미자는 Kadsura haponica Dunal의 과실을 말한다. 중국산 오미자는 S·sphenanthera Rehd·et Wils 의 과실이다.

식물형태 낙엽만경이고 잎은 호생하며 넓은 타원형, 긴 타원형 또는 난형이고 예첨두 예저이며 길이 7~10cm, 나비 3~5cm로서 뒷면을 제외하고는 털이 없고 가장자리에 작은 치아상의 톱니가 있으며 엽병은 길이 1.5~3cm이다. 꽃은 이가화로서 6~7월에 피고 지름 15mm로서 약간 붉은 빛이 도는 황백색이며 화지열편은 6~9개이고 길이 5~10mm로서 난상 긴 타원형이며 수술은 5개이고 암술은 많다. 꽃이 핀 다음 화탁은 길이 3~5cm로 자라서 열매가 수상으로 달린다. 열배는 8~9월에 홍색으로 익으며 구형 또는 도란상 구형이고 길이 6~12mm로서 1~2개의 종자가 들어있다.

산지 지리산, 덕유산, 강원도가 주산지이고, 인제, 무주, 장수, 진안, 함양, 원성에서 주로 재배된다.

약미·약성 단맛·신맛·쓴맛·짠맛·매운맛

성분 카미그린, 시잔드린·고미신·시트럴·사과산·시트르산 등

약리작용 심장을 강하게 하고 혈압을 내리며 면역력을 높여 주어 강장제로 쓴다. 폐 기능을 강하게 하고 진해·거담 작용이 있어서 기침이나 갈증 등을 치료하는 데 도움이 된다.

활용 진해, 수렴, 지사, 자양, 강장약으로서 해가 있어서 구갈하며, 하리가 멈추지 않으며, 발한하며 담이 많은 것에 응용된다.

① 달여서 마시면 남자의 정력에 도운다. ② 달여서 계속해서 마시든지, 알약으로 하여 계속하여 복용하면 당뇨병에 효과가 있다. ③ 인삼과 오미자를 같은 양으로 달여서 마시면 항상 건강한 생활을 할 수 있다.

chamigrene   gomisin   schizandrin

오미자 주요성분의 유기화학 구조

용담

학명 Gentiana scabra Bunge var. buergeri Maxim
별명 백화용담, 삼화용담, 동북용담, 점화용담, 능유, 지담초, 고담, 과남풀, 담초, 백근초, 관음풀

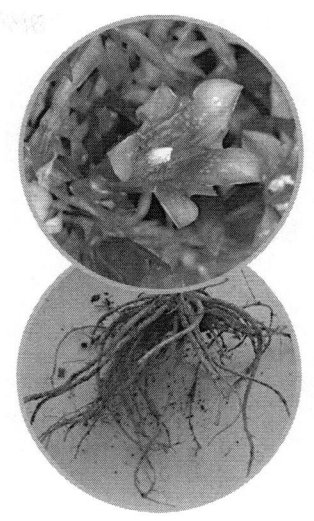

기원 용(龍)의 쓸개처럼 맛이 쓰다고 하여 용담이라고 부르는 것으로 알려져 있다.

식물형태 높이 20~60cm이고 4개의 가는 줄이 있으며 굵은 수염뿌리가 사방으로 퍼진다. 잎은 마주나고 자루가 없으며 바소 모양으로서 가장자리가 밋밋하고 3개의 큰 맥이 있다. 잎의 표면은 녹색이고 뒷면은 연한 녹색이며 톱니가 없다. 꽃은 8~10월에 피고 자주색이며 잎겨드랑이와 끝에 달리고 포는 좁으며 바소꼴이다. 꽃받침은 통 모양이고 끝이 뾰족하게 갈라진다.

화관(花冠)은 종처럼 생기고 가장자리가 5개로 갈라지며 갈래조각 사이에 부편이 있다. 5개의 수술은 통부에 붙어 있고 암술은 1개이다. 열매는 삭과(殼果)로 11월에 익고 시든 화관 안에 들어 있으며 종자는 넓은 바소꼴로 양 끝에 날개가 있다.

산지 한국, 중국, 일본, 시베리아 동부

약미·약성 맛은 몹시 쓰고, 성질이 매우 차다.

성분 고미배당체 gentiopicrin(gentiopicroside), amplexine 그밖에 gentianine, gentianose, gentisin, gentisic acid, swertiamarin

약리작용 건위, 해열, 이담, 소염, 간, 작용이 있다.

활용 달여 마시면 간의 기운을 도우고, 간의 습열을 치료된다. 암치료에 달여 먹거나 알약으로 복용한다. 만성 간염 및 황달에 달여 마신다. 연주창에 달여 마시고 또 환부에 찧어 붙인다.

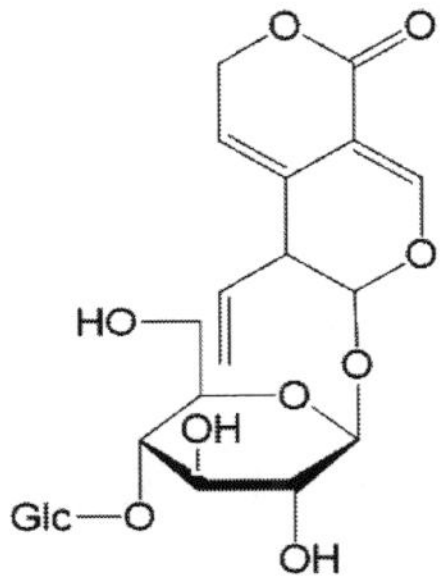

glucopyranosylgentiopicroside

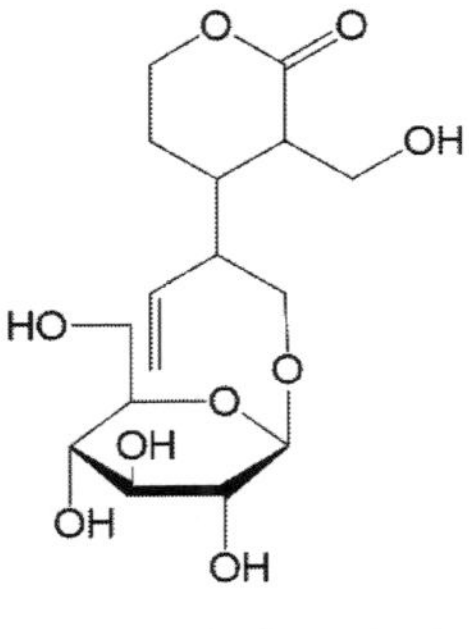

glucopyranosylamplexine

용담 주요성분의 유기화학 구조

영지버섯

학명 ganoderma lucidum karst
별명 불로초

기원 영지버섯은 구멍쟁이버섯과에 속하는 진균인 영지 및 그 근연종의 자실체를 건조한 것이다.

식물형태 버섯갓은 지름 5~15cm, 두께 1~1.5cm로 반원 모양, 신장 모양, 부채 모양이며 편평하고 동심형의 고리 모양 홈이 있다. 버섯갓 표면은 처음에 누런빛을 띠는 흰색이다가 누런 갈색 또는 붉은 갈색으로 변하고 늙으면 밤갈색으로 변한다. 살은 코르크질이며, 상하 2층으로 상층은 거의 흰색이고 관공(管孔) 부분의 하층은 연한 주황색이다. 갓의 아랫면은 누런 흰색이며 길이 5~10mm의 관공이 1층으로 늘어서 있고 공구는 둥글다. 버섯대는 3~15×1~2cm이고 붉은 갈색에서 검은 갈색이며 단단한 각피로 싸여 있고 약간 구부러진다. 홀씨는 2중막이며 홀씨 무늬는 연한 갈색이다.

산지 전세계(활엽수 뿌리 밑동이나 그루터기)

약미·약성 맛은 쓰다.

성분 germanium, ganoderma lucidum polysacharide, gyrophoric acid, lecanoric acid, ganodenic acid A, ganodenic acid B, ganosporeric acid A, ganoderiol A

약리작용 강장·진해·소종(消腫) 등의 효능이 있어 신경쇠약·심장병·고혈압·각종 암종에 사용한다.

활용 약리학적으로 주로 기관지와 폐, 심장과 혈액, 중추신경, 간에 주로 많이 작용하는 것으로 알려져 있다. 폐(肺)로 들어가 약해진 사람들의 만성기관지염, 천식(특히 허약해진 노인들의 천식), 그리고 심장을 강화시켜준다. 심(心)으로 들어가서 신(神)을 안정시켜주어 두통과 불면 건망증을 없애준다. 간으로 작용하면 급만성간염으로 인하여 기능이 저하된 경우 간 기능을 회복시켜준다. 소화기 계통의 질환과 관절 질환, 항암 작용 등에도 효과적이다.

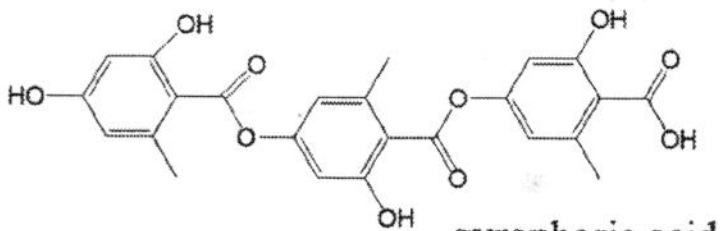

gyrophoric acid

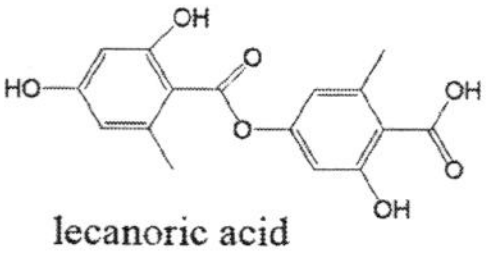

lecanoric acid

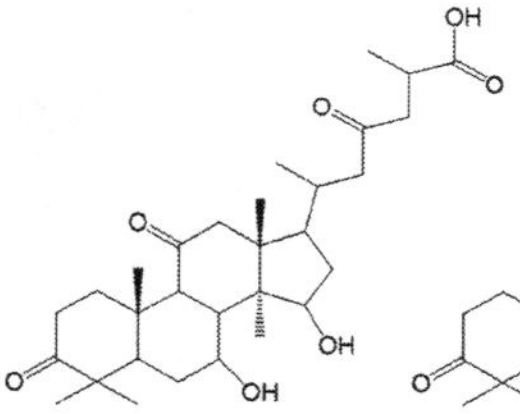

ganoderic acid A 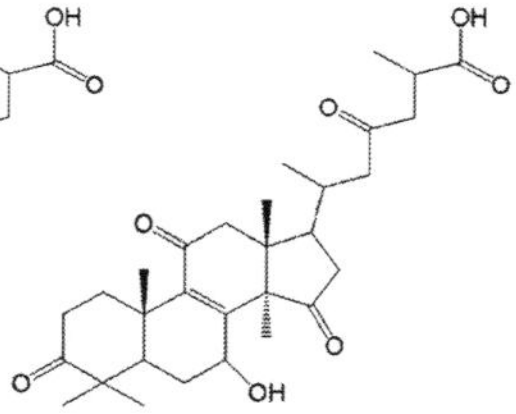   ganoderic acid B

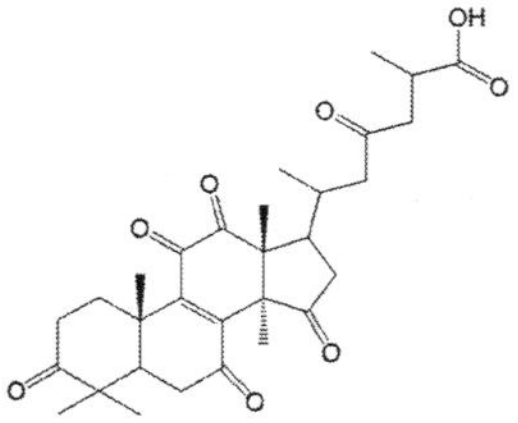

ganosporeric acid A

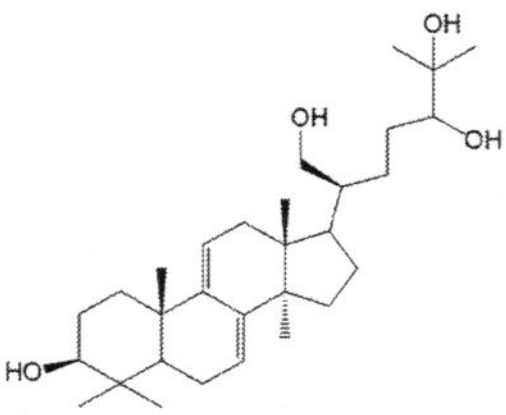

ganoderiol A

영지버섯 주요성분의 유기화학 구조

은행나무

학명 Ginkgo nilona L
별명 행자목

기원 Ginkgoaceae(은행나무과)의 은행나무 Ginkgo biloba L·의 씨를 백과(白果)라고 하며, 은행나무의 가는가지를 민간약으로 사용한다.

식물형태 낙엽교목. 잎은 한군데서 3~5개씩 뭉쳐나는데, 부채모양으로 가운데가 깊게 또는 얕게 갈라지고 평행맥이 있다. 꽃은 자웅이주로서 4~5월에 피며 숫꽃은 수상화서(穗狀花序)이고, 암꽃은 짧게 가지 끝에 2송이 액상한다. 과실은 핵과(核果)로서 구형이며 10월에 성숙한다.

산지 전국 각지에서 난다.

약미·약성 달고 쓰다. 때로는 떫기도 하다. 약간의 독성이 있다.

성분 ginkgolic acid, bilobol, ginnol, kataflavone, ginkgetin, aciadopituysin

약리작용 ginkgolic acid는 시험관에서 결핵균 생장을 억제한다. 白果는 도구균, 연쇄구균, 디프테리아균, 탄저균, 고초균, 대장균, 티프스균등에 대해서 억제작용이 있다. 신선한 백과에서 추출한 bilobol은 가토의 적출장에 대해서 마비작용이 있고, 적출자궁을 수축한다.

활용 고혈압, 신경통, 진해거담에 사용하며, 백과는 한방에서 해소, 천식, 임병, 대하증에 사용한다.

인삼

학명 Panax ginseng C · A · eyer
별명 삼, 고려인삼, 산삼

기원 Araliaceae(오갈피나무과)의 인삼 Panax ginseng C · A · Meyer의 뿌리를 인삼이라고 한다. 인삼은 제조방법에 따라서 백삼과 홍삼으로 나누어 진다. 백삼은 인삼의 세근을 제거하여 건조한 것이며, 산지에 따라서 직삼, 반곡삼, 곡삼으로 나눈다. 일본의 인삼은 직삼이고, 풍기인삼은 반곡삼, 금산인삼은 곡삼이다. 우리나라 홍삼은 세근을 제거하여 쪄서 말린 것이고, 일본의 홍삼은 세근을 붙인 그대로 쪄서 말린 것이다. 인삼의 세근을 미삼이라고 한다. 민간약 시장에서는 4~6년생의 인삼의 잎을 민간약으로 사용한다.

식물형태 깊은 산악지에서 자라는 다년초로서 흔히 재배하고 있으며 높이가 60cm에 달하고 근경은 짧으며 곧거나 비스듬히 서고 근경 끝에서 1개의 원줄기가 나오고 끝에서 3~4개의 잎이 윤생하며 긴 엽병(葉柄) 끝에 5개의 장상복엽이 달린다. 소엽은 난형 또는 도란형으로 끝이 뾰족하며 밑부분이 좁고 표면 맥위에 잔털이 약간 있으며 가장자리에 잔 톱니가 있다. 꽃은 4월에 피고 연한 녹색이며 산형화서에 달리고 화서는 윤생엽의 중앙부에서 1개가 나온다.

산지 제주도를 제외한 우리나라 전 지역에서 야생하며, 특히 강화도, 금산, 부여, 풍기, 진안 등에서 많이 재배한다.

약미·약성 달고 평이하다.

성분 정유약 0.05%(주성분은 panacene, β-elemene, 등), 단당류 약 1.5% 이당류, 삼당류, 배당체 약 4% ginsenoside Rx, ginsenoside R_0의 sapogenin은 lieanilic acid이며, ginsenoside Ra, Rb1, Rb2, Rb3, Rc, Rd, Rg3, Rh2, Re, R1, R2, Rf, F2 등이 있다.

약리작용 인삼의 에타놀 추출액은 부신피질홀몬인 glucocorticoid의 분비를 촉진하며, 여러 가지 스트레스에 대해서 부신피질 기능을 강화한다. 또한 대뇌피질을 자극해서 choline작동성을 증강하고, 혈압강하, 호흡촉진, 실험적 과혈당의 억제, 인슐린 작용 증강, 적혈구 및 헤모글로빈 증가, 소화관 운동을 항진 시킨다. 인삼 saponin분획에 항피로작용, 작업 능력 증진 작용, 성선발육 촉진 작용, 혈당치 강하작용이 있다. Ginsenoside Rb군에 중추억제 작용 Rg군에 중추 흥분 작용이 있다. Ginsenoside Rb군에 용혈(溶血) 방어작용이 있고, Ginsenoside Rh, Rg군에는 용혈작용이 있다.

활용 강심, 건위, 보정, 진정약, 진정약강장으로서 널리 이용되며, 위의 쇠약에 의한 신진대사 기능의 저하에 진흥약, 병약자의 위부정체감, 소화불량, 구토, 흉통, 이완성하리, 식욕부진 등에 응용된다.

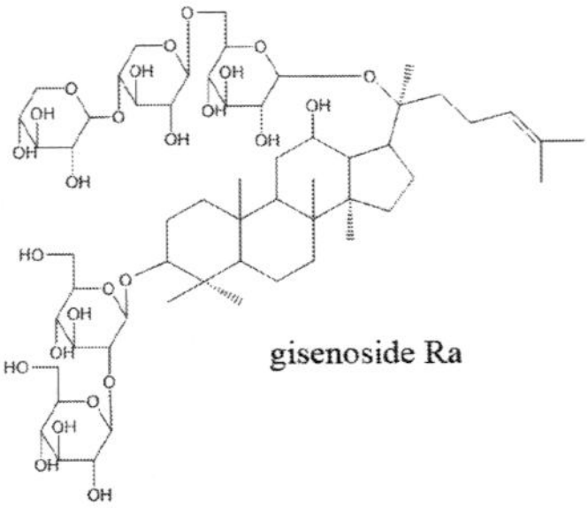

gisenoside Ra

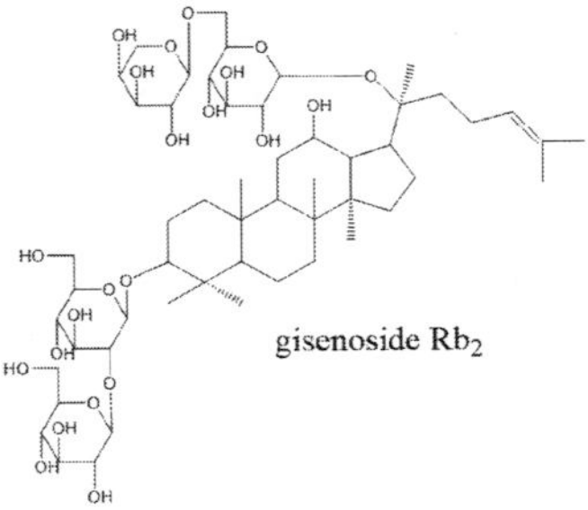

gisenoside Rb$_2$

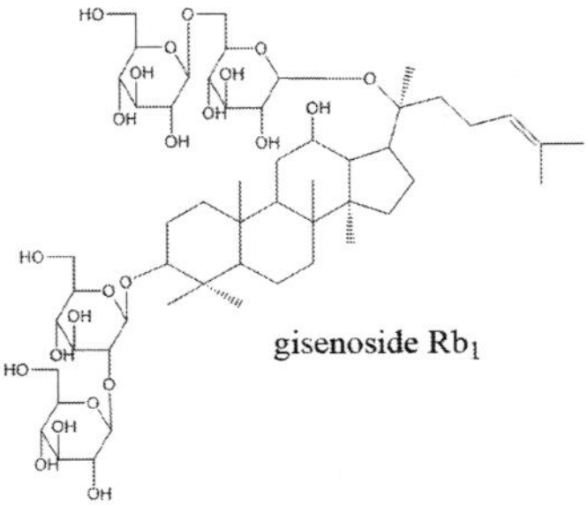

gisenoside Rb$_1$

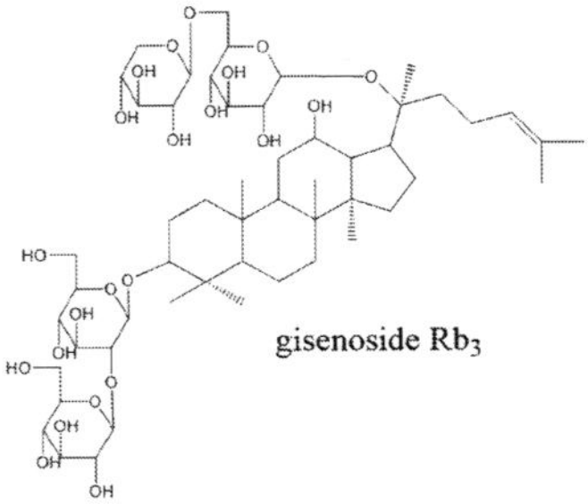

gisenoside Rb$_3$

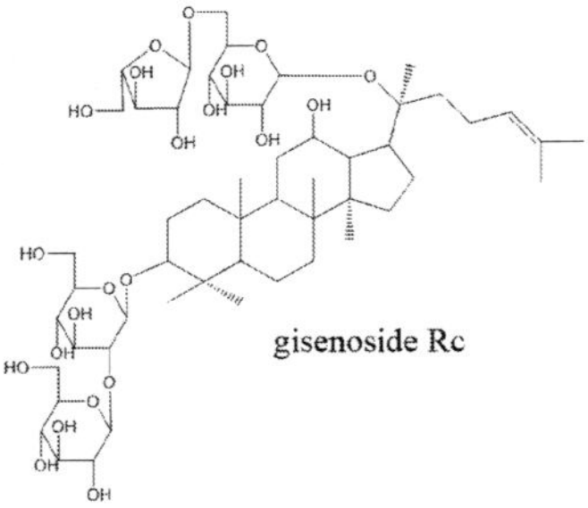

gisenoside Rc

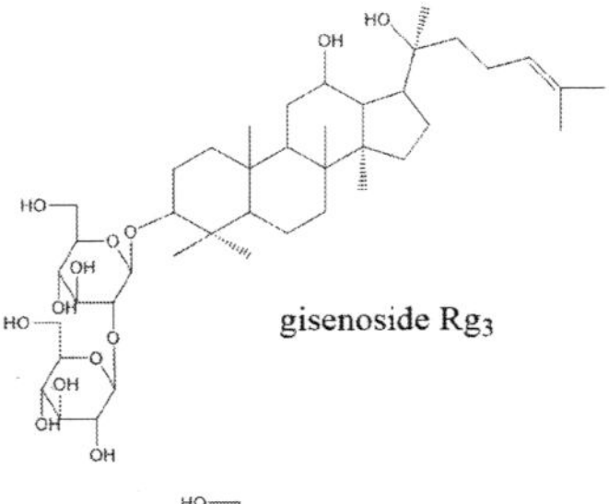

gisenoside Rg$_3$

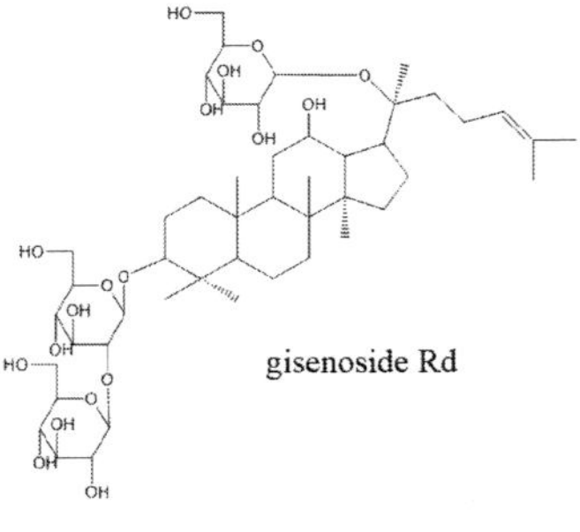

gisenoside Rd

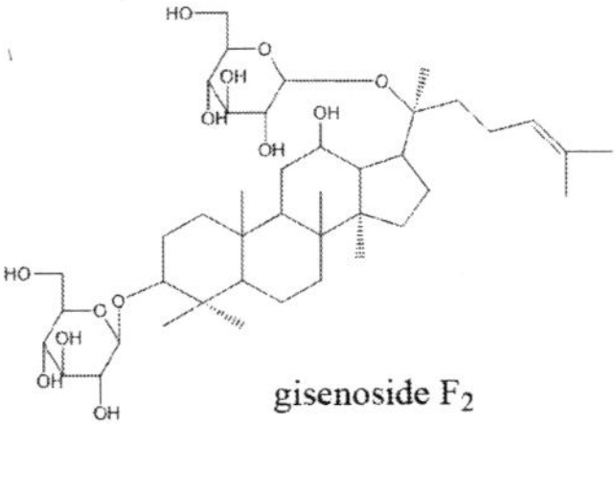

gisenoside F$_2$

인삼 주요성분의 유기화학 구조

옻나무

학명 Rhus verniciflua Stokes
별명 참옻나무

기원 Anacardiaceae의 옻나무 Rhus verniciflua Stokes의 수피에 상처를 내어서 나오는 칠액을 모은 생칠을 건조하여 굳어진 단궤상을 건칠이라고 한다.

식물형태 중국원산이지만 지금은 야생상으로 퍼져 있는 낙엽교목으로서 높이가 20m에 달하며 가는가지는 굵고 회황색이며 어릴 때는 털이 있으나 곧 없어진다. 잎은 호생하고 엽예와 더불어 길이 25~40cm로서 기수 1회 우상복엽이며 소엽은 9~11개이고 난형 또는 타원상 난형이며 점첨두이고 원저 또는 넓은 예저이며 길이 7~20cm, 나비 3~6cm로서 표면에 흔히 털이 있고 뒷면 맥 위에 퍼진 털이 있으며 가장자리가 밋밋하다. 원추화서는 액생하고 밑으로 처지며 길이 15~25cm로서 퍼진 털이 있고, 꽃은 단성화로 녹황색이며 5월에 원추꽃차례를 이룬다. 수꽃은 5개씩의 꽃받침조각, 꽃잎 및 수술이 있고 암꽃에는 5개의 작은 수술과 1개의 암술이 있다.

산지 중국에서 히말리야에 걸친 지역이며, 한반도 각처에서 자라거나 재배된다.

약미·약성 맛은 맵고 쓰며, 성질은 따뜻하다.

성분 Phenol화합물인 urushiol을 50~60% 함유, 고무질, 생칠에는 urushiol을 함유하지만, 동시에 함유된 효소 lactase에 의하여 분해되어, 공기 산화를 받아서 중합하여 흑색의 수지상 물질로 된다.

약리작용 urushiol을 대량 급격히 쥐에 투여하면 뇌중추신경계의 원섬유가 강하게 침범되어서 시구에 강한 변화를 일으킨다.

활용 구어혈약으로서 오래된 어혈증에 사용되며 월경불통, 적체산하, 충적, 충한습비에 응용된다. 그리고, 신경통 및 허약체질의 보약으로 사용된다.

여정실

학명 rigustrum japonicum
별명 광나무

기원 열매를 건조한 것을 여정실 이라고 하며, 중국에 판매되고 있는 광나무, 쥐똥나무 등의 열매가 혼합되어 있다.

식물형태 상록관목으로서 높이 3~5m이며 가지는 회색이고 피목이 뚜렷하다. 잎은 대생하며 혁질이고 넓은 난형, 넓은 타원형 또는 난상 긴 타원형이며 예두 또는 둔두이고 원저 또는 예저이며 길이는 3~10cm, 나비 2.5~4.5cm로서 뒷면에 뚜렷하지 않은 잔점이 있고 가장자리가 밋밋하며 엽병은 길이 5~12mm로서 엽맥과 더불어 적갈색이 돈다. 꽃은 7~8월에 피고 복총상화서는 새가지가 끝에 달리며 길이 와 나비가 각각 5~12cm로서 백색이다. 열매는 난상 원형이고 길이 7~10mm로서 10~11월에 자흑색으로 익으며 겨울에도 남아 있다.

산지 제주도, 전라남도(지리산), 경상남도, 경상북도(울릉도)

약미·약성 맛은 달고, 쓰다.

성분 lucidumoside A, lucidumoside B, liqustroside, oleuropein, ligustrin

약리작용 미상

활용 열매는 강장약으로서 음허로서 열감이 있는 사람, 요슬이 아프고 연약한 사람, 이명, 심계, 불면, 변비에 사용한다. 잎은 민간에서 부스럼 치료약. 입안에 종기가 났을 때 잎을 달여서 그 물로 씻으면 효과가 있다. 각종 부스럼에 잎을 삶아서 그 물로 환부를 씻거나, 잎을 찧어서 물과 반죽하여 바르면 치료된다. 열매를 달여서 계속 마시면 눈이 밝아진다.

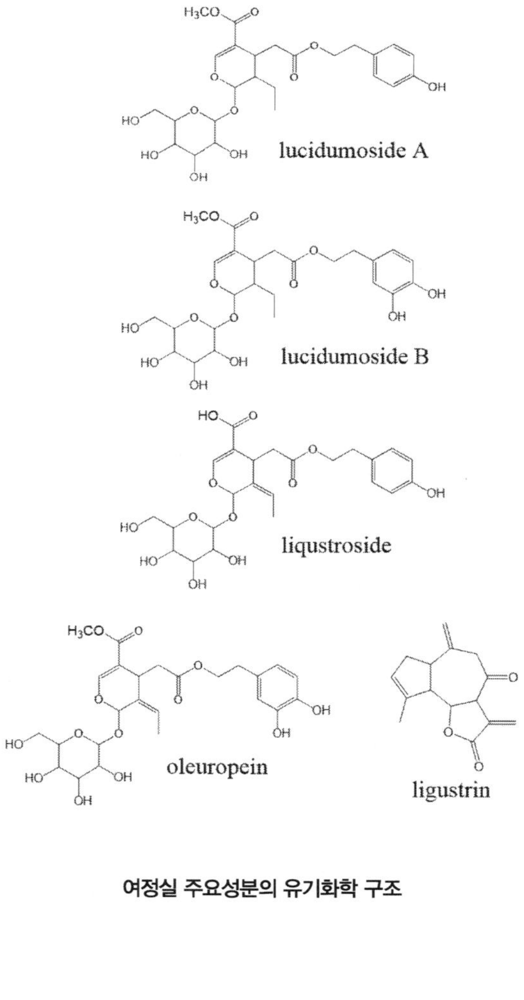

lucidumoside A

lucidumoside B

liqustroside

oleuropein

ligustrin

여정실 주요성분의 유기화학 구조

여로

학명 Veratrum maackii BAKER var. japonicum T.SHIMIZU

별명 憨葱(감총), 鹿葱(녹총), 山葱(산총), 梨蘆(이로), 葱葵(총규), 葱蘆(총로), 葱苒(총염), 葱菼(총담), 豊蘆(풍로), 늑막풀, 산파, 장길파, 쟁길파, 박초, 오삼, 서경, 박새

기원 백합과(나리과)에 속하는 다년생 초본인 참여로 건조한 근경.

식물형태 뿌리줄기는 원줄기의 밑부분과 더불어 잎집이 썩으면서 남은 섬유로 덮여 있고, 원줄기에 돌기 같은 털이 있다. 잎은 어긋나며 길이 20~35cm, 너비 3~5cm의 좁은 피침형인데 위로 올라가면서 선형으로 되고 밑부분의 잎집이 원줄기를 완전히 둘러싼다. 꽃은 7~8월에 자줏빛이 도는 갈색으로 피고 지름 1cm 정도로서 반쯤 퍼지고 원추꽃차례로 달리는데 윗부분에 양성화가, 아랫부분에 수꽃이 달린다. 꽃덮이조각은 6개로서 장타원형이고 수술은 6개이며 씨방은 난형으로서 3개로 얕게 갈라지고 암술머리는 3개인데 뒤로 젖혀진다. 열매는 삭과로서 타원형이고 끝부분에 암술대가 달려 있는데 10월에 익는다.

산지 우리나라 각지에 분포한다.

약미·약성 맛은 쓰고, 성질은 차갑다.

성분 Jervine, pseudojervine, rubijervine, colchinine, germerine, veratramine 등의 alkaloid가 함유되어 있다.

약리작용 구토시키는 약, 뿌리는 살균작용 등이 있다. 독성을 가지고 있다. 폐와 위, 간에 작용한다. 풍과 담을 몰아내는 작용이 있어 중풍, 전간 등에 효과가 있으며 또한 살충작용이 있어 각종 피부질환에 외용약으로도 이용된다. 이 외에도 황달, 설사, 두통, 종기 등에도 이용된다.

활용 뿌리줄기를 살충제로 사용하며, 한방에서는 뿌리줄기를 강심제·임질·고혈압·중풍 등에 사용, 5~6월에 채취하여 잡질을 제거하고 햇볕에 말리거나 또는 뜨거운 물에 데쳤다가 햇볕에 말려서 이용한다. 하루에 0.3~0.9g을 복용한다. 그러나 독성이 강해서 실제로는 복용약으로 잘 사용하지는 않는다. 울금(鬱金) 등과 배합하여 체내의 담음, 가래 등을 다스린다.

우슬

학명 Achyranthes japonica Nakai
별명 산현채(山莧菜) · 대절채(對節菜) · 쇠물팍 · 쇠무릎지기 · 은실 · 백배 · 마청초

기원 Amaranthaceae(비름과)의 쇠무릎 Achyranthes japonica Nakai의 지하부를 우슬이라고 한다. 중국산 우슬은 Achyranthes bidendata Blume의 근을 회우슬이라고 하며, 이것이 정품이다. 그러나 천우슬은 Cyathula officinalis Kuan의 근을 건조한 것으로, 이것은 위품이다. 민간에서는 우실, 말장아리뿌리 라는 이름으로 통용되고 있다.

식물형태 줄기는 네모지고 마디가 무릎처럼 두드러지며 가지가 갈라진다. 잎은 마주나고 타원형 또는 달걀을 거꾸로 세운 듯한 모양이며 가장자리가 밋밋하다. 양끝이 좁고 털이 약간 있으며 잎자루가 있다. 꽃은 8~9월에 연한 녹색으로 피고 잎겨드랑이와 원줄기 끝에서 수상꽃차례로 달린다. 꽃은 양성이고 밑에서 피어 올라가며, 꽃이 진 다음 굽어서 밑을 향한다. 열매는 긴 타원형의 포과로서 꽃받침으로 싸여 있고 암술대가 남아 있으며 1개의 종자가 달린다.

산지 분포지역(한국 · 일본), 자생지(다소 습기가 있는 곳)

약미·약성 맛은 쓰고 시다. 성질은 평범하고, 독이 없다.

성분 triterphenoid 화합물인 oleanolic acid, hederagenin, ecdysterone, inokosterone, ponasteroside 등

약리작용 자궁흥분작용, 콜레스테롤 강하작용, 이뇨작용, 혈당강하작용, 간기능 개선작용 등이 보고된다.

활용 ① 자궁의 수축을 증강시키며 약한 이뇨작용이 있고, 혈관을 확장시켜 일시적인 혈압강하작용을 나타내기도 한다. ② 부인의 생리를 정상으로 유도하고 이뇨와 배변을 용이하게 한다. ③ 형태가 무릎을 닮은 것과 같이 무릎의 질환(관절염, 류머티스성 관절염, 타박으로 인한 염증)을 치료하는 데 현저한 효과가 인정되고 있다. ④ 허리와 다리가 무겁고 통증을 느끼며 때로 근육경련이 있을 때에 많이 활용된다. ⑤ 신장의 결석으로 소변을 잘못 보면서 통증이 있고 피가 섞인 소변을 볼 때에도 쓴다. ⑥ 고혈압에 두통, 어지러움, 안화 등의 증상이 있을 때에 혈압을 하강시키면서 뇌혈관의 경련을 이완시켜 주기도 한다.

oleanolic acid(R_1=CH$_3$, R_2=COOH)
hederagenin(R_1=CH$_2$OH, R_2=COOH)

inokosterone(R_1=H, R_2=OH, R_3=H)
ecdysterone(R_1=OH, R_2=R_3=H)
ponasteroside A(R_1=R_2=H, R_3=Glu)

우슬 주요성분의 유기화학 구조

익모초

학명 Leonurus japonicus Houttuyn
별명 육모초, 임모초

기원 중국의 이서진의 본초강목에 의하면, 익모초를 먹으면 눈이 밝아지고, 여자는 아이를 갖게 된다고 하여 "익모초"라는 이름을 붙였다고 한다.

식물형태 들에서 자라는 이년초로서 높이 1m 이상 자라는 것이 있고 둔한 사각형이며 백색 털이 있어 전체가 백녹색이 돌고 가지가 갈라진다. 근생엽은 엽병이 길며 난상 원형이고 가장자리에 둔한 톱니가 있거나 결핵상이며 꽃이 필 때는 없어진다. 경생엽은 엽병이 길고 3개로 갈라지며 열편이 다시 2~3개로 갈라지고 각 소열편은 톱니모양이거나 우상으로 다시 갈라지며 톱니가 있고 최종열편은 선상 피침형이며 예두이고 회녹색이다. 꽃은 7~8월에 피며 연한 홍자색으로서 윗부분의 엽액에 몇 개씩 층층으로 달리고 꽃받침은 5개로 갈라지며 끝이 바늘처럼 뾰족하고 화관은 아래로 2개로 갈라지며 밑부분의 것이 다시 3개로 갈라지고 중앙부의 것이 가장 크며 적색 줄이 있다.

산지 여름의 개화시에 채취하여 사용하며 햇볕에 말린다.

약미·약성 맵고 쓰며, 약간 차다.

성분 전초에 rutin 및 leonurine 0.05%, leonurinine, leonuridine, stachydrine을 함유한다.

약리작용 익모초 제제는 집토끼, mormot, 개의 적출자궁에 대해서 흥분작용을 나타낸다. 익모초의 물추출액, leonurine, 총 alkoloid는 마취한 동물에 정맥주사하면 강압작용이 있다.

활용 익모초: 조경, 명목, 이뇨약으로서 월경불순, 복통, 산후지혈, 목질, 수종 등에 응용하며 대량 복용하면 전신허탈의 중독 증상을 일으키므로 주의가 필요하다.

익모초 주요성분의 유기화학 구조

인동덩굴

학명 Lonicera japonica
별명 이보화, 금등화, 금채고, 금은등, 노전수, 인동등, 인동화, 인동초

기원 한 겨울에도 양지 쪽에서는 붉으스름하게 변한 잎을 달고 있으며, 하얀 눈 속에서도 잎을 떨구어 내지 못하고 혹독한 겨울의 눈과 찬바람을 이겨내서 인동이라는 이름을 갖게 되었다.

식물형태 인동덩굴은 각 지방의 산록부나 언덕에서 자라는 반 상록성 덩굴식물로 줄기가 길게 뻗으며 다른 물체를 감고 자란다. 소지는 적갈색이며 털이 있고 속이 비어 있다. 잎은 대생하며 길이3~7cm, 너비 1~3cm로서 장타원형이며 둔한예두이고, 원저이며 거치가 없다. 어린 나무의 잎은 우상으로 갈라지는 것도 있다. 어린 가지의 잎에는 털이 있으며 엽병은 길이 5mm로서 털이 있다. 겨울에는 잎이 자주색으로 변하는데, 엽록소가 파괴되기 때문일 것이다. 꽃은 엽액에 1~2개씩달리며, 6~7월에 피고향기가 좋다. 꽃에는 길이 1mm의 소포가 있으며, 화관은 길이 3~4cm로 겉에 털이 있고 통부안쪽에 복모가 있으며 끝이 5개로 갈라져서 그중 한 개는 뒤로 젖혀진다. 열매는 장과로서 둥글며 지

름 7~8mm로 9~10월에 검게 익는다.

산지 전국의 산과 들, 일본과 중국

약미·약성 특이한 냄새가 있고 맛은 달고 성질은 차다.

성분 tannin, quercitrin

약리작용 항균작용, 항염증작용, 해열작용, 백혈구 탐식작용 증가, 중추신경 흥분작용, 혈청 콜레스테롤 강하, 궤양 예방효과 등이 있다.

활용 열을 내리고 가슴이 답답하고 갈증이 있을 때 사용하며 염증에 좋아 종기, 피부가 헐어 생긴 독, 장기의 염증, 농을 배출한다. 또한 이질, 열독으로 인한 피부 조직 괴사, 유선염 등에 사용한다. 대장염, 위궤양, 방광염, 인후염, 편도선염, 기관지염, 결막염 및 부스럼, 유행성 이하선염으로 인한 고열, 화농성 감염증 등에 응용한다.

원추리

학명 Hemerocallis fulva
별명 넓나물(넘나물), 훤초, 망우초, 합환화, 의남화

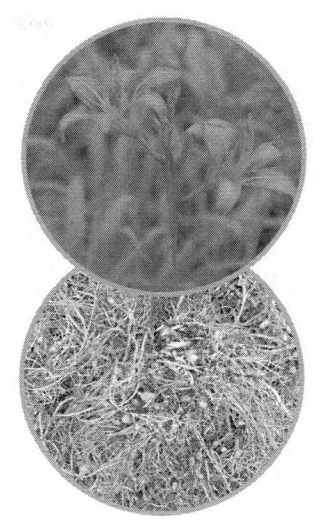

기원 봄철 워낙 일찍 새싹이 돋아나기 때문에 중요한 식용식물로 여겨왔다. 지방에 따라 '넘나물'이라 하는데 한자어로 '넓은나물'을 뜻하는 '광채(廣菜)'에서 따온 말인 것 같다.

식물형태 높이 약 1m이다. 뿌리는 사방으로 퍼지고 원뿔 모양으로 굵어지는 것이 있다. 잎은 2줄로 늘어서고 길이 약 80cm, 나비 1.2~2.5cm이며 끝이 처진다. 조금 두껍고 흰빛을 띤 녹색이다. 꽃은 7~8월에 핀다. 꽃줄기는 잎 사이에서 나와서 자라고, 끝에서 가지가 갈라져서 6~8개의 꽃이 총상꽃차례로 달린다. 빛깔은 주황색이고 길이 10~13cm, 통부분은 길이 1~2cm이다. 포는 줄 모양 바소꼴이며 길이 2~8cm이고, 작은꽃줄기는 길이 1~2cm이다. 안쪽화피조각은 긴 타원형이고 막질(膜質:얇은 종이처럼 반투명한 것)이며 나비 3~3.5cm이다. 수술은 6개로서 통부분 끝에 달리고 꽃잎보다 짧으며, 꽃밥은 줄 모양이고 노란색이다. 열매는 삭과로서 10월에 익는다.

산지 한국(전역), 만주, 중국, 동인도, 코카서스, 이란, 유럽

약미·약성 맛은 달며, 성질은 서늘하다.

성분 colchicine, asparagine etc.

약리작용 이뇨작용과 이명, 항염증작용, 가슴두근거림, 지혈작용, 유방염, 임질, 인후통에 사용된다.

활용 뿌리를 달인 물은 결핵균을 죽이는 작용이 있고, 원추리의 싹과 꽃은 독이 없어서, 삶아 먹으면 황달이 치료되며, 소화를 도우며 습열을 치료한다. 또한 뿌리를 생즙으로 만들어 마시면 코피 나는 것을 멎게 하고 열을 내린다.

으름덩굴

학명 Akebia quinata (Thunb.) Decne
별명 으름, 목통, 목통근, 팔월과근

기원 으름덩굴과에 속한 으름덩굴의 목질경. 중국에서는 마두령과(쥐방울덩굴과)에 속한 낙엽 만경식물인 등칡. 혹은 모랑과(미나리아재비과)에 속한 상록 변등성 관목인 및 동속식물인 수구등을 기원식물로 하고있다.

식물형태 대부분 큰 덩굴성 목본으로서, 잎은 손바닥 모양의 겹잎으로 어긋나게 달리며 턱잎은 없다. 암수딴그루 또는 암수한그루로, 꽃은 단성화이고 방사대칭이며 대부분 총상꽃차례를 이루고 있다. 꽃덮이조각은 3개 또는 6개로 떨어져 나는데, 마치 꽃잎과 같다. 수꽃의 수술은 6개가 있고, 수술대와 꽃덮이 사이에는 보통 꿀샘이 있다. 암꽃에는 3~15개의 따로 분리된 씨방이 있는데, 씨방은 상위로 1개의 심피로 이루어져 있으며 1개의 방을 가지는데, 그 안에는 여러 개의 밑씨가 생긴다. 열매는 장과가 되며, 익으면 대부분 세로로 벌어져 알맹이를 먹을 수 있다. 열매는 길이 6~10cm로서 긴 타원형이며 10월에 자갈색으로 익고 복봉선으로 터지며 종자가 분산된다. 과피가 두껍고 과육은 먹을 수 있다. 뿌리는 길고 비대해 있으며, 천근성이다.

산지 히말라야, 동아시아 및 칠레, 한국에는 황해도 이남지역에 분포

약미·약성 맛은 쓰며, 무독하며 성질은 차갑다.

성분 stigmasterol, β-sitosterol, β-sitosterol-β-D-glucoside, akeboside Stg2

약리작용 항암작용(위암, 폐암, 식도암, 간암), 이뇨작용, 강심작용, 혈압을 높이는 작용, 염증을 없애는 작용, 위액 분비를 억제하는 작용, 여러 가지 원인으로 붓는 데, 요로결석, 소변을 잘 못 볼 때, 임증, 젖이 잘 나오지 않는 데, 열이 나고 가슴이 답답한 데, 부스럼을 다스린다.

활용 풍사를 몰아내고 이뇨하며 기와 혈액 순환을 촉진시키는 효능이 있다. 풍습으로 인한 관절통, 소변곤란, 위장 기창, 산기, 월경중지, 타박상을 치료한다. 하루 11~19g을 물로 달여서 복용한다. 또는 갈아서 즙으로 하거나 술에 담가 먹는다. 외용약으로 쓸 때는 짓찧어 바른다.

율무

학명 Coix lachrymajobi var. mayuen
별명 의주자, 인미, 의미, 천각, 의이인

기원 중국 동한시대때 마원이라는 장수가 있었는데 큰 싸움에서 많은 공을 세워 광무제의 신임을 얻었다. 마원이 교지를 정벌하였을 때 황폐한 지역이었지만 율무가 많이 자라고 있어 말라리아 등 풍토병에 좋은 약이라 하여 수레에 가득 실어 돌아왔다. 이것을 본 사람들이 율무를 진주와 서각(코뿔소의 뿔)으로 착각하여 소문이 일었으며 급기야 마원은 누명을 쓰게 되었다. 진주와 서각을 가지고 왔는데도 왕에게 보고하지 않았다는 것이었다. 광무제는 마원의 관직을 박탈했고 이에 마원의 부인은 아들과 심지어 조카들까지 새끼줄로 묶고 궁에 들어가 광무제에게 억울함을 호소하게 된다. 광무제가 진주와 서각을 보고하지 않은 죄라 말하니 부인은 그것이 의이인이라는 열매이며 알이 크고 흰색이어서 착각했을 것이라고 하여 억울함을 풀게 된다.

식물형태 높이 1~1.5m이다. 속이 딱딱하며 곧게 자라고 가지가 갈라진다. 잎은 어긋나고 바소꼴이며 나비 약 2.5cm로서 밑부분은 잎집으로 된다. 꽃은 7~9월에 피고 잎겨드랑이에서 나온 꽃이삭 끝에 길이 3cm 정도의 수꽃이삭이 달린다. 밑부분에 타원형의 잎집에 싸여 있는 암꽃이삭이 있다. 포는 딱딱하고 타원 모양이며 길이 약 1.2cm로서 검은빛을 띤 갈색으로 익는다. 씨방이 성숙하면 잎집은 딱딱해지고 검은 갈색으로 된다. 열매는 견과로서 10월에 익는다. 번식은 종자로 한다.

산지 한국, 중국, 인도의 동남부

약미·약성 맛은 달며, 성질은 약간 차고 독이 없다.

성분 amino acid, coixenolide, coixol

약리작용 이뇨작용이 있어 부종이나 신장 그리고 방광, 결석 등에 유효

활용 종자를 의이인이라고 하는데, 차 등으로 먹거나 이뇨·진통·진경·강장작용이 있으므로 부종·신경통·류머티즘·방광결석 등에 약재로 쓴다. 생잎은 차 대용으로 쓰고 뿌리를 황달과 신경통에 쓴다. 줄기에 달린 잎은 사료로도 쓴다. 율무를 가루내어 1개월동안 매일 10g씩 복용하든지 또는 율무 30g을 전복하면 사마귀가 없어진다.

coixenolide

율무 주요성분의 유기화학 구조

울금

학명 Curcuma longa Linne
별명 마술(馬述), 황울(黃鬱)

기원 생강과에 속한 울금의 덩이뿌리를 건조한 것

식물형태 높이 1~1.5m. 뿌리는 굵고 튼튼하며, 끝이 부풀어서 달걀 모양의 덩이뿌리가 된다. 뿌리줄기는 원주상으로 굵다. 잎은 긴 타원형으로 기부에서 나오며 2줄로 배열하고, 이삭화서는 길이 약 13~15cm, 잎집 같은 잎이 있고 포편은 넓은 달걀 모양, 작은 꽃 몇 개가 포편 안에 붙는다. 약재는 주근경 또는 측근경으로 되고 주근경은 난형이고 길이 약 4cm, 지름 약 3cm이다. 측근경은 양끝이 둔한 원주형으로 약간 구부러지고 길이 2~5cm, 지름 약 1cm로 측아를 가진 것도 있으며 테가 있다.

산지 겨울과 봄에 괴근만을 채취하여 가는 뿌리를 제거하고 깨끗이 씻어서 찜통에 쪄서 햇볕에 말린다. 중국의 중부이남지역에 자생하거나 재배한다.

약미·약성 맛은 맵고 쓰며 성질은 몹시 따뜻하여 비장(脾臟)과 간(肝)에 작용한다. 기혈을 잘 돌게 하고 어혈을 없애며 통증을 멈추고 월경을 잘 통하게 하는 작용을 하므로 생리가 없을 때에, 기혈이 막혀 가슴과 배가 아플 때, 복부 내에 덩어리나 부풀어 오르고 아픈데, 팔이 쑤시는데, 간염, 담석증, 타박상, 옹종(종양이나 종기)등에 사용한다.

성분 curcumin, ρ-tolylmethylcarbinol, turmerone, α,γ-turmerone, curcumol, arturmerone, zingiberene

약리작용 어혈을 없애는 약, 담즙을 분비하고 배설촉진과 관상동맥안의 반괴형성을 감소시킨다.

활용 울금은 혈액순환을 돕는 약재중 하나로서 울금은 혈에만 작용하는 것이 아니라 기를 잘 통하게 하는 효능이 있어서 간과 담에 기가 막힌 증상을 치료하고 혈분에 들어가 혈분의 열을 내리고 어혈을 풀어주는 역할까지 하기 때문에 혈중의 기약이라고 불리기도 한다. 기혈이 뭉쳐서 생긴 모든 증상을 치료하고, 어혈등 각종 출혈증에 사용한다. 이와 더불어 황달을 치료하는데도 이용되며 피오줌과 가슴이 아픈 증상에도 응용된다.

울금 주요성분의 유기화학 구조

오수유나무

학명 Evodia officinalis Dode
별명 당수유, 약수유나무

기원 Rutaceae(운향과)의 오수유나무 Evodia officinalis Dode 및 E.rutae-carpa Hook. fil. et Thoms. 의 열매를 오수유라고 한다.

식물형태 낙엽소교목으로서 높이가 5m에 달하고 어린 가지에 털이 있다. 잎은 대생하며 기수 1회 우상복엽이고, 소엽은 7~15개이며 소엽이 짧고 난형, 타원상 난형 또는 긴 타원형이며 점첨두 또는 예두이고 예저 또는 원두이며 길이 7~8cm로서 표면은 어릴 때 털이 있지만 점차 없어지고, 뒷면에 털이 있다. 산방화서는 정생 또는 측생하며 지름 6~11cm로서 털이 있고 삭과는 붉은빛이 돌며 원두이고 길이 5~6mm로서 거칠며 종자는 거의 둥글고 광택이 있으며 길이 4mm정도로서 하늘색이 돈다.

산지 경상북도(경주) 및 전국 각지에서 재배한다.

약미·약성 맛은 맵고 성질은 따뜻하다.

성분 evodiamine, rutaecarpine, evodene(ocimene), evodine, evolitrine, limonin, evodol

약리작용 rutaecarpine을 분해해서 얻은 rutamine은 자궁 수축효과가 강하다. 오수유의 수침제(1:3)은 시험관내에서 피부 진균에 대해 억제 작용이 있다.

활용 건위, 이뇨, 진구, 진통약으로서 수독의 상충에 의한 두통, 구토, 흉만에 응용한다. 또한 살충제, 욕탕로(목욕탕 물에 넣어서 목욕을 하면 혈액순환이 좋아진다) 로서 사용한다.

약모밀

학명 Houttuynia cordata Thunb
별명 집약초, 즙채, 어성채

기원 약용은 뿌리가 달린 식물체 전체를 쓴다. 잎과 줄기의 즙액에서 생선 냄새와 비슷한 향기가 있어 어성초라는 이름이 붙었다.

식물형태 여러해살이풀로서 높이는 20~50cm이다. 줄기는 곧게 자라고 흔히 보랏빛을 띠며 세로로 난 줄이 있다. 뿌리는 흰빛이고 옆으로 길게 뻗는다. 잎은 어긋나기를 한다. 잎몸은 달걀모양의 염통꼴이고 길이 3~8cm, 폭 3~6cm로서 잎 가장자리가 밋밋하다. 잎자루는 길다. 꽃은 6월에 흰빛으로 핀다. 꽃덮이가 없으며 흰빛의 꽃으로 보이는 것은 꽃사개이다.

산지 낮은 지역 축축한 땅에 야생한다. 한반도에서는 울릉도에 자라며, 심어 기르는 것이 퍼졌다. 세계적으로는 일본, 중국, 대만, 히말라야, 태국, 자바 등지에 분포한다.

약미·약성 맛은 맵고 성질은 차갑다.

성분 afzerin, quercitrin, isoquercitrin, 칼륨염, α-pinene, decanoyl acetaldehyde

약리작용 이뇨, 진통, 지혈, 조직재생, 혈관확장, 지해작용, 사열, 매독, 종기, 백동, 치질, 탈항에 사용된다.

활용 아치료 처방에 보조약으로 흔히 쓰이는데, 어성초 20~30g에 물 400ml를 넣고 달여서 차처럼 수시로 마시면 효과적이다. 암으로 인한 복수를 빼는데, 어성초 30g과 붉은 팥 90g을 달여서 하루 두세번에 나누어 복용하면 상당한 효력을 가져온다. 상습변비나 신장병 등에는 끓는 물에 3분정도 우려내서 차처럼 마신다. 생잎줄기는 비벼서 즙을 내어 습진, 땀띠, 피부병 등에 바른다. 욕조에 넣고 목욕하면 땀띠에 효과가 크다. 상처, 종기가 나면 상비약으로 생잎을 찧어서 바른다. 고혈압 예방으로 어성초를 1일 15g을 달여 마신다. 조금 많이 달려서 차 대신 마셔도 좋다. 건조한 잎을 달여서 식후 3회로 나누어 따뜻하게 하여 마시면 상습변비가 있는 사람은 통변이 좋아지고, 신장병이나 방광염 등의 부종을 제거하는데 효과가 있다.

	R_1	R_2
afzerin	H	Rha
quercitrin	OH	Rha

decanoylacetaldehyde

약모밀 주요성분의 유기화학 구조

자귀나무

학명 Albizia julibrissin
별명 합환목, 야합수, 유정수, 이정목, 소쌀밥나무

기원 자귀나무는 잎이 자귀로 나는데서 비롯되었다. 잎이 마주보며 짝을 이루는 모양을 "자귀난다"라고 하는데 이는 자귀나무와 같은 모양의 잎을 가진 "자귀풀"을 볼수 있다

식물형태 산과 들에서 자라며 관상수로 심기도 한다. 키는 5~15m에 이른다. 미모사가 잎을 건드리면 움츠러들듯이 자귀나무는 밤이 되면 양쪽으로 마주 난 잎을 서로 포갠다. 잎은 줄기에 하나씩 달리는 것이 아니라 아까시나무처럼 작은 잎들이 모여 하나의 가지를 만들고 이들이 다시 줄기에 달린다. 이것이 복엽이다. 대부분의 복엽은 작은 잎들이 둘씩 마주 나고 맨 끝에 잎이 하나 남는데, 자귀나무는 작은 잎이 짝수여서 밤이 되어 잎을 닫을 때 홀로 남는 잎이 없다. 6~7월이면 가지 끝에 15~20개의 작은 꽃이 우산 모양으로 달리며 기다란 분홍 수술이 술처럼 늘어져 매우 아름답다. 9~10월에 익는 열매는 콩과 식물답게 콩깍지 모양이다. 금세 떨어지지 않고 겨울바람에 부딪혀 달가닥거린다.

산지 남동아시아의 이란과 중국, 한국에 분포

약미·약성 순하고 독성이 없다.

성분 tannin, alkaloid, saponin

약리작용 자귀나무 껍질은 요통, 타박상, 어혈, 골절통 등을 치료하는 약재이며, 중풍, 고혈압, 관절염, 신경통에 효험이 있다.

활용 자귀나무 껍질은 요통, 타박상, 어혈, 골절통, 근골통 등을 치료하는 약제로 봄이나 가을철에 껍질을 벗겨 흐르는 물에 5일쯤 담가두었다가 볕에 말려 가루 내어 약으로 쓴다. 껍질가루는 종기 습진 짓무른데 타박상등 피부병이나 외과 질병에 참기름에 개어서 붙이면 잘 낫는다. 잎을 태운 재를 들기름이나 참기름에 섞어 골절부위에 바르면 낳는다.

저령

학명 Polyporus umbellatus(PERS.)FRIES
별명 豬零(시령), 저시령, 地烏桃(지오도), 희령, 가저시

기원 구멍장이버섯과에 속한 진균인 저령의 균핵.
식물형태 불규칙한 긴 덩어리이거나 원형에 가까운 덩어리로 크기는 고르지 않으며 긴 것은 대개 굽어있거나 생강처럼 갈라지며 길이 5~25cm이다. 표면은 흑색이거나 흑갈색으로 쭈그러져있거나 혹은 흑모양의 돌기가 있다. 가볍고 질기며 단면은 유백색이거나 황백색을 띤다.
산지 중국의 운남, 하남, 산서, 감숙, 길림 등지에서 자생한다.
약미·약성 감(甘) 담(淡) 맛은 달고 담담하며 성질은 평이하다.
성분 수용성 다당화합물, erogone, spironolacetone, biotin, polyporusterone A, polyporusterone B, α-hydroxy-tetracosanoic acid, ergosterol, 단백질 등
약리작용 소변을 잘 나오게 하는 약, 위청수, 편두통, 부종, 장병, 야뇨증에 사용된다.
활용 신장과 방광에 작용한다.

저령은 습을 없애고 소변을 잘 보게 하여 수종과 배뇨장애를 치료하는 데 효과가 있는 약이다. 이뇨시켜 부종, 설사, 소변이 뿌옇게 나오는 것, 대하 등을 다스린다.

봄과 가을에 채취하여 말려 하루에 8~16g을 복용한다.

택사(澤瀉), 복령(茯苓) 등과 배합하여 소변이 잘 안나오는 것을 다스린다.

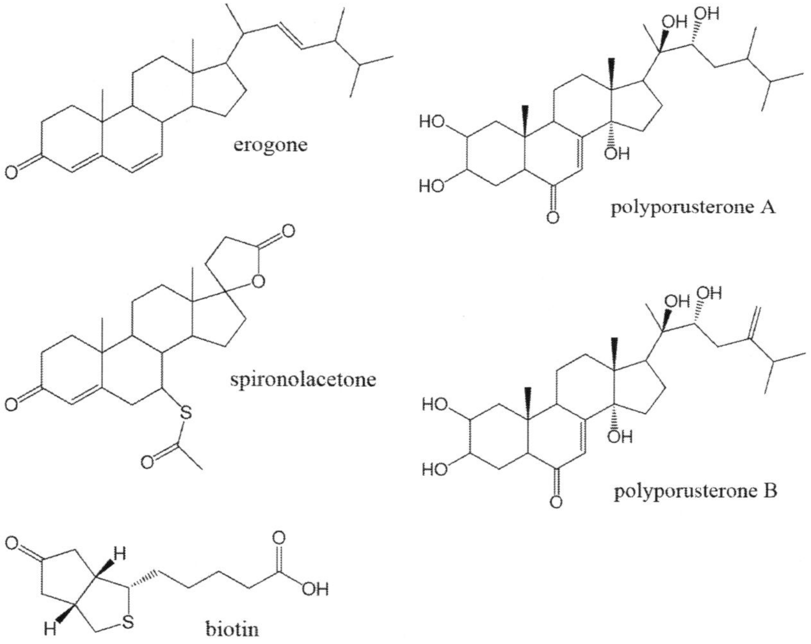

erogone

polyporusterone A

spironolacetone

polyporusterone B

biotin

저령 주요성분의 유기화학 구조

제비꽃

학명 Viola mandshurica Becker
별명 오랑캐꽃, 참제비꽃

기원 Violaceae(제비꽃과)의 제비꽃 Viola mandshurica Becker 및 동속식물의 전초를 지정 또는 자화지정이라고 한다. 제비꽃의 동속식물인 둥근털 제비꽃 Viola collina Besser을 세신의 대용으로 사용하는 경우도 있으나, 이것은 잘못이며 세신은 족두리풀 Asarum sieboldii Miquel var. seoulensis Nakai 뿌리를 세신이라고 한다.

식물형태 다년초로서 잎은 피침형이며 끝이 둔하고 밑부분이 절저 또는 약간 심장저에 가까우며 길이 3~8cm, 나비 1~2.5cm로서 가장자리에 얕고 둔한 톱니가 있다. 꽃이 핀 다음에 자라는 잎은 난상 삼각형이고 심장저로 되며 윗부분에 약간 뚜렷하지 않은 파상의 톱니가 있고 엽병은 길이 3~15cm로서 윗부분에 날개가 있다. 4~5월에 잎 사이에서 높이 5~20cm의 화경이 나와 짙은 자주색 꽃이 달린다.

산지 전국의 산이나 들에서 난다.
약미·약성 맛은 쓰고 매우며, 성질은 차다.

성분 flavonoid, serotic acid

약리작용 청열, 양혈, 해독의 약물로서 혈열이 머물러서 생기는 창양에 필수품이다. 외용에는 신선한 잎을 빻아서 상처나 환부에 바르면 해독, 소종의 효능이 있다.

활용 ① 청열해독, 양혈소종의 효능이 있고, 단독, 목적종통, 인후염, 황달성 간염, 장염, 독사교상을 치료한다. ② 동의치료에서 청열약, 염증약, 진통제, 해독제로 악창, 나력(결핵성 경부 림프선염), 패혈성 염증, 악성종양, 곪는 피부염에 달임약을 만들어 쓴다. ③ 민간에서는 전초 추출액을 림프절결핵에 쓰고, 그 즙을 부스럼, 헌데, 상처에 물을 타서 먹거나 바른다.

정향

학명 Syzygium aromaticum Merrill et Perry (=Eugenia caryophyllata Thunberg)
별명 공정향(公丁香), 정자향(丁子香)

기원 도금낭과에 속한 상록교목인 정향수의 꽃봉오리를 건조한 것
식물형태 줄기는 매끈하고, 잎은 타원형으로 가죽질이며, 어린잎은 다소 홍자색을 띠며 광택이 있다. 꽃은 줄기 끝에서 피고, 꽃봉오리는 1.5cm 내외이며, 4개의 꽃받침과 꽃잎이 있다. 약재는 어두운 갈색~어두운 적색을 띠고 길이 10~18mm의 조금 편평한 사능주상의 화상과 그 위쪽에는 두꺼운 꽃받침 4매 및 4매의 막질화판이 있고 화판은 서로 겹쳐서 거의 구형을 이룬다. 화판으로 싸인 속에는 많은 수술과 한 개의 화주가 있다.
산지 청명절 후에 꽃이 피기전 선홍색의 화뢰를 채취하여 화경을 제거하고 햇볕에 말린다. 탄자니아, 말레이지아, 인도네시아 등지에 자생하며 중국에서는 광동지방에서 재배한다
약미·약성 맛은 맵고 성질은 따뜻하다. 비장, 위, 신장에 작용
성분 Eugenol, Acetyl eugenol, Chavicol, Eugenol salcylate, β-Caryo-

phyllene, Humulene

약리작용 속을 덥혀주는 약, 건위작용, 균을 억제하는 작용이 있다.

활용 늦은 여름에 꽃봉오리가 풀색으로부터 분홍색으로 변할 때 따서 햇볕에 말린다. 하루 1~3g을 탕제, 가루약, 알약 형태로 먹는다. 외용약으로 쓸 때는 가루내서 기초약제에 개어 바른다.

조구등

학명 Uncaria rhynchophylla(MIQ.)JACKS
별명 조등(釣藤), 조등구(釣藤鉤)

기원 꼭두서니과의 상록목질등목인 구등과 대엽구등 또는 무병과구등의 갈고리가 달린 가지.

식물형태 갈고리가 달린 가지로 원주형이거나 유방주형으로 길이 2~3cm, 지름 0.2~0.5cm이다. 표면은 적갈색이거나 자갈색으로 한 쪽 끝은 환상의 마디가 있고 약간 돌출하였으며 마디위에 대생한 두 개의 구부러진 갈고리가 있다.

산지 중국의 절강, 복건, 광동, 광서성 등지에서 생산된다.

약미·약성 맛은 달며 성질은 약간 차고 독은 없다.

성분 rhynchophylline, isorhynchophylline, corynoxeine, isocorynoxeine 등이 함유되어 있다.

약리작용 풍을 잠재우는 약간과 심포에 작용한다.

조구등은 낚시바늘처럼 생겼다 하여 이름 붙여졌다. 간과 심포의 화열을 내려주는 요약이다. 간과 심포에 열이 생기면 주로 경련이나 간질,

두통, 현훈 등의 증상이 나타나는데 조구등은 이러한 증상을 개선시켜 준다. 운동기능이상인 경련이나 마비, 소아의 놀라서 발작하는 증상 등을 다스리고 두통이나 어지럼증, 고혈압 등에 좋다.

활용 봄과 가을에 어린 가지를 채취하여 그늘에 말린다. 10~15g을 사용하며 오래 끓이지 않는다.

천마(天麻), 영양각(羚羊角), 전갈(全蝎) 등과 배합하여 경련이나 마비, 근육이 당기고 오그라드는 증상을 다스린다.

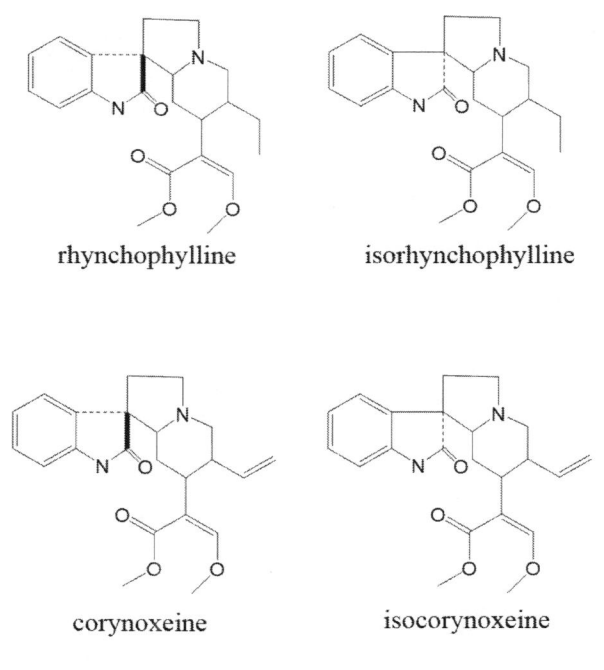

조구등 주요성분의 유기화학 구조

지황

학명 Rehmannia glutinosa
별명 산연근(山烟根), 생지(生地), 야지황(野地黃), 지정(地精), 양정(陽精)

기원 쌍떡잎식물 통화식물목 현삼과의 여러해살이풀로 뿌리의 생 것을 생지황, 건조시킨 것을 건지황, 쪄서 말린 것을 숙지황이라고 한다.

식물형태 뿌리는 굵고 육질이며 옆으로 뻗고 붉은빛이 도는 갈색이다. 줄기는 곧게 서고 높이가 20~30cm이며 선모가 있다. 뿌리에서 나온 잎은 뭉쳐나고 긴 타원 모양이며 끝이 둔하고 밑 부분이 뾰족하며 가장자리에 물결 모양의 톱니가 있고, 잎 표면은 주름이 있으며, 뒷면은 맥이 튀어나와 그물처럼 된다. 줄기에 달린 잎은 어긋난다. 꽃은 6~7월에 붉은빛이 강한 연한 자주색으로 피고 줄기 끝에 총상꽃차례를 이루며 달리며, 잎 모양의 포가 있다. 꽃받침은 종 모양이고 5개로 갈라지며, 갈라진 조각은 삼각형이고 선모가 있다. 화관은 통 모양이고 선모가 있으며 끝 부분이 5개로 갈라져 퍼지면서 입술 모양을 이룬다. 수술은 4개인데, 그 중에 2개가 길다. 열매는 삭과이고 10월에 익는다.

산지 한국·일본·중국·아무르

약미·약성 맛은 달고, 성질은 따뜻하다.

성분 Mannitol, Maninotriose, Catalpol, rhemannioside I, II, III, IV, leonuride, aucubin, melittoside, Verbascose, Vitamin A, Glucose

약리작용 해열, 해독, 강심, 지혈, 타박상, 보혈, 강장, 강심, 당뇨병, 혈압강하, 체액증진 등이 있다.

활용 심장판막증에는 황련 생지황을 1:3의 비율로 끓여 차처럼 먹는다. 자궁부정출혈에는 생지황즙과 익모초즙 각 10ml에 술 6ml를 넣고 약간 끓여 하루 3번 먹는다. 빈발 월경에는 100g을 물 1ℓ에 넣고 끓여 물만 식전에 먹는다. 머리칼을 희게 하려면 생지황즙에 쌀을 담구어 생지황물이 쌀에 다 스며들면 말려서 하루 한 컵 죽을 쑤어 먹는다. 현삼, 생지, 숙지황 각각 20g씩 섞고 40g정도를 물로 달여서 하루에 2번 먹는다. 토혈: 생지황을 깨끗이 씻어서 절구에 짓찧어 깨끗한 천으로 짜서 찌꺼기는 버리고 500cc의 즙에 물을 조금 붓고 3분의 1정도 되게 달여서 수시로 조금씩 먹으면 곧 멎는다. 요붕증: 생지황을 짓찧어 즙을 짜서 한번에 20~40㎖씩 하루 3번 끼니 뒤에 먹는다. 잘게 썬 것 60~100g을 물에 달여 하루 2~3번에 나누어 끼니 뒤에 먹어도 된다. 오줌량을 줄이고 물을 적게 마시게 하며 몸이 여의면서 맥이 없는 것을 낫게 한다.

	R^1	R^2
catalpol	H	H
rhemannioside I	Gal	H
rhemannioside II	H	Gal

	R
leonuride	H
rhemannioside III	Gal

	R
aucubin	H
melittoside	—O—Glc
rhemannioside IV	—O—Glc—Glc

지황 주요성분의 유기화학 구조

지치

학명 Lithospermum erythrorhizon S·et Z
별명 지초, 지추, 자초

기원 Borraginaceae(지치과)의 지치 Lithospermum erythrorhizon S·et Z 의 뿌리를 자근이라고 한다. 중국에서는 이것을 경자근이라고 하며, 이것 이외에 운남성, 사천성에서는 Onosmapani-culatum Bur·et Fr, 내몽고에서는 Arenebia guttata Bunge의 근을 경자근이라고 한다. 중국에서 연자근은 Macrotomia euchroma (Royle) Pauls(Lithospermum euchromum Royle)의 근을 건조한 것이다.

식물형태 산야의 풀밭에서 자라는 다년초로서 높이 30~70cm이고 곧추 자라며 뿌리가 땅속 깊이 들어가고 굵으며 자주색이고 원줄기는 가지가 갈라지며 잎과 더불어 털이 많다. 잎은 호생하고 피침형으로서 양끝이 좁으며 밑부분이 좁아져서 엽병처럼 된다. 꽃은 5~6월에 피고 백색으로서 수상화서에 달린다.

산지 전국 각지의 산이나 들에서 난다. 한국·일본·중국·아무르

약미·약성 맛은 달고 짜며, 성질은 차다

성분 naphtoquinone 색소: shikonin, β-dimethylacrylshikonin, acetyl-shikonin, isobutylshikonin, isovalerylshikonin, teracrylshikonin, deoxyshikonin, anhydroalkanin 청산배당체: lithospermoside, allantoin

약리작용 자근의 10% 생리식염수 침액은 피부 진균에 대해서 항균작용이 있고, 특히 양모상소아포선균에 대해서 유효하다. shikonin 및 acetyl-shikonin에는 항염증, 육아형성 촉진작용이 있다. 북미의 아메리카 인디안의 한 종족은 Lithospermum ruderale Douglas의 전초의 수침액을 피임약으로 내복한다. 이것에 힌트를 얻어서 일본, 중국에서 자근분 및 수침액을 rat, mouse에 투여하면, 성주기에 대해 발육 억제작용이 있다. 그러나 사람에 대해서는 불명이다.

활용 해열, 해독, 항염증약으로서 마진예방에 내복, 연고로서 육아발생을 촉진하고, 종양, 화상, 동상, 습진, 수포등에 외용한다. 또한 완화제로서 대변비결에 사용. 최근 shikonin이 조직배양법에 의해서 대량 생산되어서 화장품에 사용된다.

	R
shikonin	H
acetylshikonin	-COCH$_3$
dimethylacrylshikonin	-COCH=C(CH$_3$)$_2$
isobutylshikonin	-COCH(CH$_3$)$_2$

deoxyshikonin

anhydroalkanin

지치 주요성분의 유기화학 구조

진범

학명 Aconitum pseudo-laeve var. erectum
별명 좌진구(左秦艽), 진교(秦膠), 진규(秦糾), 진조(秦爪), 진규(秦艽)

기원 우리나라에서는 용담과의 큰잎용담(Gentiana macrophylla Pallas)의 뿌리를 말한다. 중국에서는 큰잎 용담을 말한다. 진교는 진나라(秦)에서 생산되고 뿌리가 그물처럼 서로 얽혀있다는 뜻의 교(艽)를 써서 진교라고 부른다. 진규(秦艽)도 뿌리가 꼬여 있다는 뜻으로 사용된 말이다. 한때 우리나라에서 초오속의 진범(Aconitum pseudo-laeve var. erectum Nakai)을 진교로 기재했었으나 지금은 수정되었다.

식물형태 뿌리에서 나온 잎은 잎자루가 길고 5~7개로 갈라지며, 갈라진 조각의 가장자리는 깊이 패어 들어간 모양이고 뾰족한 톱니가 있다. 줄기에 달린 잎은 잎자루가 짧고 뿌리에서 나온 잎과 비슷하지만 줄기 위로 올라갈수록 점차 작아진다. 꽃은 8월에 연한 자주색으로 피고 줄기 윗부분 잎겨드랑이 또는 줄기 끝에 총상꽃차례를 이루며 달린다. 꽃받침조각은 5개이고 꽃잎 모양인데, 뒤쪽의 것은 투구처럼 생겼고 윗부분이 원통 모양으로 길어지며, 양쪽의 2개는 넓은 달걀을 거꾸로 세운 모양이고, 아래쪽 2개는 긴 타원 모양이며 끝이 밑으로 약간 처진다. 꽃잎은 2개이고 길어져서 끝 부분이 꿀샘처럼 되며 뒤쪽의 원통 모양의 꽃받침 속에 들어 있다. 수술은 많고 수술대는 넓으며, 암술은 3개이다. 열매는 3개의 골돌과이고 거센 털이 있다. 한방에서는 뿌리 말린 것을 약재로 쓰는데, 거풍(祛風)·진통·이뇨 효과가 있어 관절염·근육과 뼈의 경련·황달·소변이 안 나올 때에 사용한다.

산지 한국·일본·중국

약미·약성 맛은 쓰고 메우며, 성질은 평하며 약간 따뜻하다.

성분 알칼로이드

약리작용 중풍. 실음. 냉풍. 진경. 진정. 이뇨. 강심. 살충. 황달. 진통. 종기. 충독. 소염. 해열. 진통. 진정. 혈당상승. 혈압강하. 항균작용이 있다.

활용 위경련, 위궤양 등에는 결명자와 병용하면 효과가 있는데 식중독, 이질에 하루 10~30g 달인 따뜻한 물을 복용하면 좋다. 팔다리의 통증과 경련이 오는데는 진교 10g을 달여 하루 3번 먹는다. 관절염에는 뿌리 10~12g을 1회분 기준으로 달여서 1일 2~3회씩 10일 정도 복용한다. 근골통에는 뿌리 8~12g을 1회분 기준으로 달여서 1일 2~3회씩 1주일 정도 복용한다. 소변 불통에는 뿌리 10~12g을 1회분 기준으로 달여서 1일 2~3회씩 4~5일 복용한다. 진통에는 뿌리 10~12g을 1회분 기준으로 산제나 환제로 하여 2~3회 복용한다. 풍에는 뿌리 10~12g을 1회분 기준으로 달이거나 환제로 하여 1일 2~3회씩 1주일 정도 복용한다. 풍비에는 뿌리 10~12g을 1회분 기준으로 달이거나 환제로 하여 1일 2~3회씩 5~7일 복용한다. 독성이 있는 것이므로, 절대 함부로 사용할 수 없다. 한방에서 이 식물을 사용할 때에도 주기를 주어 사용해야 하며, 숨찬 증세등의 부작용을 가져 올 수 있다. 특히 일반인들은 약초라고 그냥 먹어서는 절대 안된다.

질경이

학명 Plantago asiatica L
별명 개구리잎, 차전초, 철차, 배부장이, 길장구, 차과로초

기원 Plantaginaceae(질경이과)의 질경이 Plantago asiatica L 의 성숙한 종자를 건조한 것을 차전자라고 한다. 중국 북부산은 소립계로서 P·depressa Willd 의 성숙한 종자이다. 질경이의 화기의 전초를 건조한 것을 차전초라고 하고, 민간약 시장에서는 일반적으로 빼빼장이라는 이름으로 통용되고 있다.

식물형태 여러해살이풀로서 원줄기가 없다. 잎은 뿌리에서 나와 퍼지고 길둥근꼴이나 달걀꼴이며 길이 4~15cm, 폭 3~8cm이며 잎 가장자리는 물결모양이다. 잎자루는 길다. 꽃은 6~8월에 흰빛으로 피며 잎사이에서 꽃자루가 나와 이삭꽃차례모양으로 달린다. 꽃싸개는 잎모양이고 좁은 달걀꼴이다. 꽃받침은 4개이며 달걀꼴이고 흰빛의 막질이며 녹색의 가운데잎줄이 있다. 꽃부리는 4갈래이며 깔때기모양이다. 수술은 꽃부리 밖으로 나오고 꽃밥은 염통꼴이다. 암술은 1개이다. 열매는 튀는 열매이며 익으면 옆으로 갈라지면서 뚜껑이 열리고 6~8 개의 회흑색

또는 검은빛의 씨가 나온다.

산지 공터나 길가에서 자란다. 한반도에서는 전 지역에 자라며, 세계적으로는 일본, 중국, 대만, 만주, 아무르, 우수리, 사할린, 히말라야, 자바, 말레이시아 등지에 분포한다.

약미·약성 맛은 달며, 성질은 차다.

성분 plantenolic acid, adenin, pholin, aucubin, hentriacontane 등

약리작용 완하, 이뇨, 거담, 항균, 항염, 항암, 황달, 편도선, 지혈작용이 있다. 참고로, 소양인과 태양인에게는 만병통치약이라 할 만큼 이롭지만 태음인과 소음인에게는 해롭다.

활용 상습변비나 부종 제거 및 가래 제거에 달여서 마시며, 종기의 고름 제거에는 은박지에 싸서 불에 가볍게 구운 후 붙인다. 질경이 차를 마시며 운동을 하면 다이어트 효과가 있다. 복통과 설사에는 뿌리를 짓찧어 먹는다. 어린잎과 뿌리를 함께 넣어 된장국의 나물로 먹는다.

종대황

학명 Rheum undulatum L
별명 금문대황, 장군

기원 Polygonaceae (마디풀과)의 종대황 Rheum undulatum L 의 근을 종대황이라고 한다. 중국 및 세계 각지에서 사용되고 있는 대황의 기원식물은 다음과 같다.

Rheum palmatum L

R·palmatum L·var·tanguticum (Maxim) Regel

(= R·tanguticum Maxim·ex Balf)

R·officinale Baillon R·laciniatum Prain

R·pontaninii Los·-Losinsk

R·rubrifolium Maxim·ex Los·-Losinsk

R·coreanum Nakai

R·emodi Wallich

R·speciforme Royle

식물형태 다년초로서 뿌리는 비대하고 황색이며, 줄기는 곧게 자라고 높이

1.5m에 달한다. 잎은 넓으며 근경은 모여나고 긴 엽병은 홍색을 띠며, 난형 또는 난상피침형으로 끝이 날카롭다. 꽃은 황색의 복총상화서로서 7~8월에 피며 원주모양이고 정생 또는 액출하며 꽃대 위에 돌려난다. 수술은 9개이고 화주는 3개이다.

산지 전국 각지에서 재배한다.

약미·약성 맛은 쓰고, 성질은 차다

성분 anthraquinone유도체: chrysophanol, emodin, aloe-emodin, rhein, sennidin A, B, C, rheidin A, B, C sennoside A, B, C, D, E ,F anthrone 배당체: rheinosides

stilbene: rhaponticin

tannin: rhatanin I, II, lindleyin, procyanidin B-13-O-gallate

약리작용 대황은 담즙 및 췌액의 분비를 약간 항진시키고, 약한 이뇨작용이 있다. 대황의 분말은 가토의 적출 장관의 긴장을 약하게 하고, 진폭을 감소시키고, 유리의 anthraquinone은 대장을 자극해서 연동운동을 항진하고, 배변반사 기능을 항진시켜서 사하작용을 한다. 사하작용은 rhein이 가장 강하고, emodin, aloe-emodin순서이다. 그러나 chrysophanol, physcion에는 사하작용이 거의 없다.

활용 한방에서 흉만, 숙식, 변비에 의한 복통, 화농성 종창의 요약이다. 그래서 상습성 변비, 황달, 노리 이상, 섬어, 조열, 흉복통에 응용된다.

참나리

학명 Lilium tigrinum Ker-Gawl
별명 권단. 백합. 호피백합. 개나리. 약백합. 호랑나비

기원 옛날 어떤 섬 사람들이 식량이 많이 부족하여 백합 뿌리를 식량대용으로 해서 먹고 있던 중 그 중에 한 사람이 폐병에 걸렸는데 먹을 것이라고는 그것 밖에 없어 먹었는데 그것을 먹고 나서 며칠이지나 몸이 완전히 회복되었다. 그러던 어느 날 해안가로 배 한 척이 다가왔는데 그 배는 섬을 오가면서 약초를 캐는 사람들이 타고 온 배였다. 그들은 그 간의 자초지정을 듣고 신기해하면서 물어보았다. "식량도 마땅치 않은 이곳에서 어떻게 그렇게 오랫동안 있을 수 있었습니까?" 그 말에 여자들은 그 뿌리를 보이며 "이것을 먹고 지냈습니다." 그 뿌리를 건네받고 맛을 보더니 "아! 이것은 약효가 있는 뿌리야" 그런데 그들이 가지고 온 배는 너무 작아 더 큰 배를 가지고 오기로 하고 사람들에게 물어보았다. "지금 여기 있는 사람은 모두 몇 사람입니까?" 그러자 대답하기를 "모두 합해서 백명입니다" 결국 여자들과 아이들은 다시 마을로 돌아오고, 약 캐는 사람들은 그 뿌리로 기침이나 폐병 환자에게 써보니 정말로

효과가 좋았다. 그때 처음 발견된 그 약초는 이름이 없었기에 '그 섬에 있던 사람의 합이 백 명'이라는 의미로 '약백합(藥百合)'으로 이름을 지었으며, 지방에 따라 '참나리'라고 불리어졌다고 한다.

식물형태 전체 크기는 80~150cm, 인경은 구형으로 화백색이고 길이 3~7cm, 폭 2.5~6cm이다. 줄기는 원주형으로 자색 또는 녹색을 띠고 단단하며 곧게 잎은 여러 개가 어긋나기로 붙고 길이 3~7cm폭 2.5~6cm이며 잎자루는 없고 비스듬히 줄기에 달리며 모양은 피침 형으로 끝이 날카롭다. 엽액에는 짙은 갈색의 주아가 달린다. 꽃은 등적색 내지 짙은 황적색으로 7월 중순에서 8월말 사이에 개화한다. 수술은 6개로 꽃 밖으로 길게 나오고 수술 끝에 자색의 꽃밥이 달려 있으며 암술은 1개로 길게 나와 있다. 과실은 삭과이며 타원상 도란형으로 결실률이 낮다.

산지 전국 각지에서 야생하고 일본, 만주, 중국, 러시아

약미·약성 바늘잎은 맛은 달고 약간 쓰며 성질은 차다. 꽃은 맛이 달고 약간 쓰며 성질은 뜨겁지도 차지도 않다.

성분 인경에는 colchicine 등 다종의 alkaloid 및 전분, 단백질, 지방 등이 함유되어 있다. 참나리 葯胞(약포)에는 수분, 회분, 단백질, 지방, 전분, 환원당, 비타민 B1, B2, pantothenic acid, 비타민 C 및 β-carotenoid 등이 함유되어 있다.

약리작용 진해작용, 백혈구감소증, 강장작용, 항산화작용, 진정작용, 항알레르기작용 등이 있다.

활용 비늘줄기를 강장. 자양. 건위. 종독. 진정. 진해. 기관지염. 신경쇠약. 후두염. 해수. 유방염. 윤폐. 청심. 안신. 강장의 효능이 있으며 폐결핵, 열병후, 여열퇴청, 경계, 정신불안, 신체허약 등에 효과가 있다. 달이거나 죽을 쑤어 복용한다. 참나리의 비늘줄기 한 개를 강판에 갈아서 소

금과 설탕을 적당히 섞어 간을 맞추어 우유 등에 타서 마시거나 잼 대용으로 먹으면 위장을 튼튼하게 하는 효과가 있다.

참부들

학명 Typha orientalis Presl
별명 향포, 포황, 감포

기원 우리나라에서는 부들과의 부들(Typha orientalis Presl) 또는 동속 식물의 꽃가루를 말한다. 중국에서는 부들(동방향포(東方香蒲))을 비롯하여 애기부들(Typha angustifolia L., 수촉향포(水燭香蒲))을 말한다. 일본에서는 공정생약으로 수재되지 않았다.

식물형태 꽃색: 노란색. 높이: 100~150cm 땅속의 뿌리 줄기가 옆으로 뻗고 흰색의 수염 뿌리가 있다. 원줄기는 털이 없고 밋밋하다.

산지 전국의 들녘 연못가 등지에서 자란다.

약미·약성 맛은 달고, 성질은 평이하다.

성분 flavonoid glycoside, 지방유

약리작용 자궁흥분, 혈압강하, 진경, 혈액응고시간단축, 결핵균생장억제, 콜레스테롤강하작용 등이 보고된다.

활용 포황은 혈열을 내리고 수렴, 지혈작용이 있어 각혈, 토혈, 코피, 소변출혈, 자궁출혈에 쓰고, 혈액순환을 개선시켜 혈이 가슴에 뭉쳐서 생기는 심복부동통, 산후어혈동통, 생리통 등에 사용한다.

창포

학명 Acorus calamus var. angustatus
별명 수창포, 백창포

기원 천남성과(天南星科 Araceae)에 속하는 다년생초로써 향기가 있고 연못이나 수로, 습지에서 자란다. 땅속줄기는 많은 마디가 있으며 수염뿌리가 있다. 현재는 농지확장과 도시화 등으로 자생지가 점점 줄어들고 있으며 특히 도시근교에서는 거의 창포를 찾아볼 수 없게 되었다.

식물형태 창 모양의 잎은 길이가 60~80cm 정도로 중앙맥[中肋]이 뚜렷하며 윤택이 난다. 작은 꽃은 5~6월경 이삭꽃차례를 이루며 핀다. 꽃덮이조각[花被片]은 6장이고 수술은 6개이며 암술은 1개이다.

산지 한국 전역에 분포하며 일본·중국·시베리아·북아메리카에도 분포한다.

약미·약성 맛은 맵고 쓰며, 성질은 따뜻하다.

성분 calamendiol, acorenone, shyobunone, acorone, acoragermacrone

약리작용 거담(祛痰·去痰), 건위(健胃), 진경(鎭痙)등에 효능이 있다 하여 한방에서 약재로 많이 이용하고 있으며, 특히 설사, 기관지염, 소화불량 등에는 창포의 뿌리를 사용한다. 또한 뿌리줄기는 방향성 건위제로 사용한다.

활용 뿌리는 한방에서 종창·치통·치풍·개선 치료 및 건위제·진정제·보익제 등으로 쓰고 줄기에서 나오는 잎은 향료로 사용한다.

청피

학명 Citrus unshiu MARKOVICH C. reticulata BLANCO
별명 청귤피(青橘皮), 청감피(青柑皮), 선귤껍질

기원 청피는 운향과에 속하는 귤나무의 익지 않은 열매의 껍질을 말린 것이다.

식물형태 6월 백색의 작은 꽃이 피고 과실은 처음에는 녹색으로 열리고 11월이 되면 익어서 노란색이 된다. 건조한 것의 외면은 청록색을 띠고 엉성하며 쭈그러져 있다. 내면은 황백색 또는 황갈색이다.

산지 우리나라 제주, 전남, 경남 등지에서 재배되고 있다.

약미·약성 맛은 맵고 쓰며 성질은 따뜻하다.

성분 비타민 C, 구연산, 헤스페리딘(Hesperidine) 등이 함유되어 있다.

약리작용 기의 순환을 돕는 약으로 간과 담에 작용한다.

청피는 익지 않은 귤의 껍질이다. 따라서 진피와 성질이 비슷하지만 어린 껍질이므로 작용이 더 강한 차이가 있다. 청피는 맺힌 것을 풀고 기의 소통을 원활히 하는 효과가 있다. 따라서 기가 울체하여 생기는 각종 증상에 두루 이용된다. 현대인의 우울증, 스트레스, 옆구리가 결리

면서 아픈데, 젖앓이, 식체, 적취, 학질 등에 쓰며 간종대, 간경변, 비장 종대 등에도 쓴다.

활용 여름에 채취하여 햇볕에 말려 사용한다. 하루 3~10g을 탕약, 가루약 형태로 먹는다. 삼릉(三稜), 봉출(蓬朮), 울금(鬱金) 등과 배합하여 여성의 하복부에 생긴 덩어리 및 종양을 다스린다.

치자

학명 Gardenia jasminoides for. grandiflora
별명 늘푸른떨기나무

기원 Rubiaceae의 치자나무의 열매를 건조한 것을 산치자 라고 한다 G·-jasminoides에는 많은 종류의 품종과 변종이 있으며, 과실의 색과 형태에 따라 산치자, 홍치자, 황치자, 수치자라고 한다. 산치자는 일반적으로 환수의 모양을 한 것이고, 신농본초경의 치자라는 이름으로 수제되어 있으며, 그 모양이 술병과 비슷하기 때문에 붙은 이름이라고 설명하고 있다

식물형태 높이 1~2m이며 작은 가지에 짧은 털이 있다. 잎은 마주나고 긴 타원형으로 윤기가 나며 가장자리가 밋밋하고 짧은 잎자루와 뾰족한 턱잎이 있다. 꽃은 단성화로 6~7월에 피고 흰색이지만 시간이 지나면 황백색으로 되며 가지 끝에 1개씩 달린다. 화관은 지름 6~7cm이고 질이 두꺼우며 꽃받침조각과 꽃잎은 6~7개이고 향기가 있다. 수술도 같은 수이다. 꽃봉오리 대에는 꽃잎이 비틀려서 덮여 있다. 열매는 달걀을 거꾸로 세운 모양 또는 타원형이며 9월에 황홍색으로 익는다. 길이 2cm

정도로 6개의 능각이 있고 위에 꽃받침이 남아 있으며 성숙해도 갈라지지 않는다. 안에는 노란색 과육과 종자가 있다.

산지 한국·일본·중국·타이완

약미·약성 맛은 쓰며, 성질은 차다

성분 flavonoid, genipin, gardenin, pectin, tanin, crocin, β-sitosterol, gardenoside, gentiobioside, geniposide, choline, ursolic acid

약리작용 해열소염, 이뇨 작용 등이 있다.

활용 타박상, 근육통, 구내염, 위장염, 진정, 불면, 황달, 간염, 담즙 분비를 촉진한다.

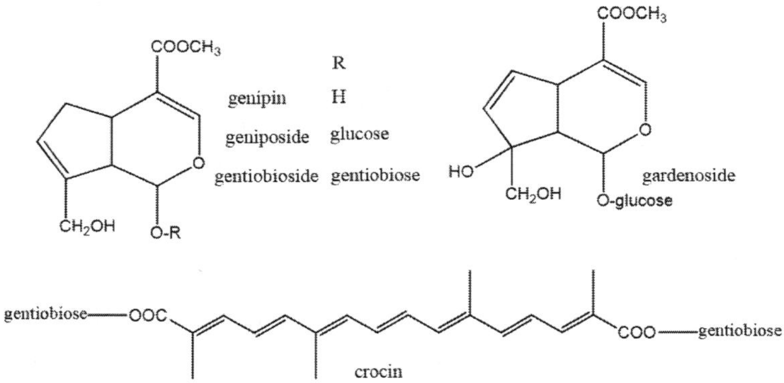

치자 주요성분의 유기화학 구조

천문동

학명 Asparagus cochinchinensis
별명 부지깽이나물, 홀아지조, 명천동, 부지깽나

기원 백합과의 천문동의 괴경을 쪄서 외피를 제거하여 건조한 것을 천문동이라고 한다.

식물형태 바닷가 근처에서 자라는 다년초로서 덩굴성 다년초, 높이(길이) 1~2m, 근경은 짧고 굵으며, 많은 방추형의 비대한 뿌리가 사방으로 퍼지고, 원줄기는 덩굴성이며, 가지가 가늘고 평활하다. 잎처럼 생긴 가지는 1~3개씩 밀생하고 선형이며 끝이 뾰족하고 길이 1~2cm, 폭 1~1.2cm 로서 활처럼 굽으며 광택이 있다. 잎은 작은 비늘 모양으로 더러는 가시로 변한다. 꽃은 5~6월에 피고 연한 노란색이며 암수한그루로 잎겨드랑이에 1~3송이씩 달리고 길이 3mm 정도이다. 꽃자루는 2~5mm 이며 중앙부에 관절(關節)이 있고 꽃잎과 거의 길이가 같으며, 꽃잎은 6개이고 옆으로 퍼지며 좁은 선상 타원형이고, 수술은 6개로 꽃잎보다 짧다. 암술머리는 3갈래로 갈라진다. 열매는 8월에 성숙되고 장과는 흰색이며 지름 6mm 정도이고, 씨는 검은색으로 1개 들어 있다.

산지 제주도, 전남(목포, 메가도), 전북(전주), 경북(가야산, 울릉도), 경남(통영, 지라산, 간월산)

약미·약성 맛은 달고 쓰며, 성질은 매우 차다.

성분 asparagine, asparacosin A, asparacosin B, 3'-methoxyaspareny-diol, asparenydiol, 3'-hydroxy-4'-methoxy-4'-dehydroxynyasol, nyasol, 3'-methoxynyasol, 1,3-di-p-hydroxyphenyl-4-penten-1-one, *trans*-coniferyl alcohol, β-Sitosterol, 5-Methoxy-methylfurfural, steroide saponin, 점액질

약리작용 천문동의 전액은 시험관중에서 균에 대해서 항균작용이 있다

활용 진해, 완화(緩和), 자양, 해열, 거담, 지갈(止渴), 이뇨, 강장약으로서 허(虛)한 사람의 해수(咳嗽), 해혈(咳血), 마른 기침, 대편조결(大便燥結)등에 응용한다. 비장이 허하거나 만성장염에 사용해서는 안된다. 설탕에 담구어서 식용으로 하면 담을 제거한다. 당뇨병의 치료에 달여서 오래 복용한다. 몸이 허할 때 술에 담구어 공복시 1컵씩 복용한다.

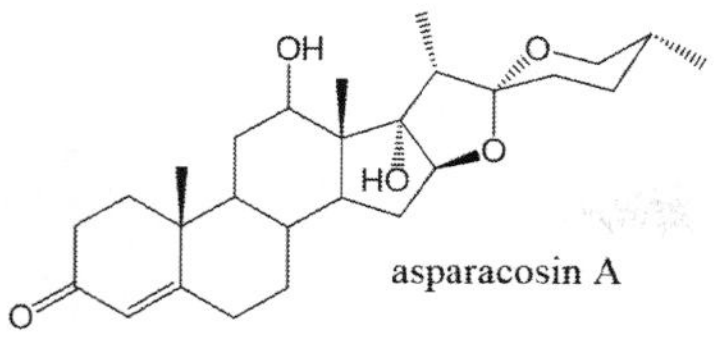

asparacosin A

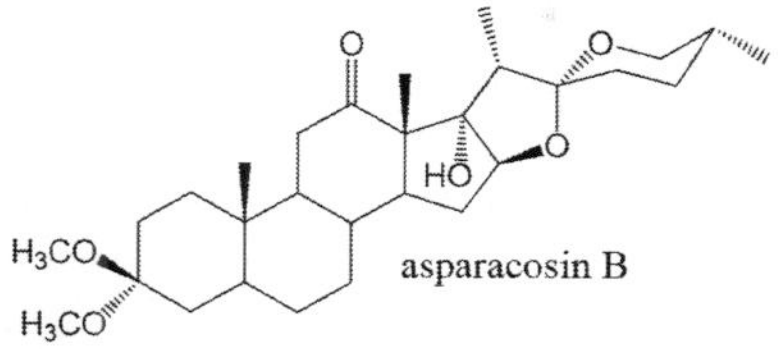

asparacosin B

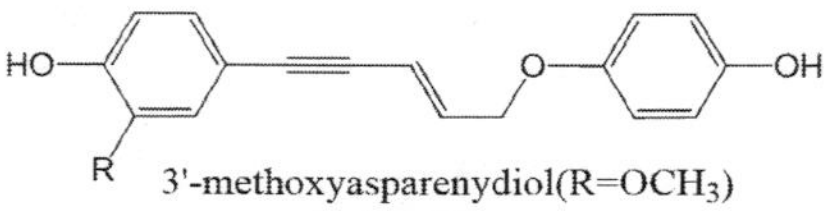

3'-methoxyasparenydiol(R=OCH₃)
asparenydiol(R=H)

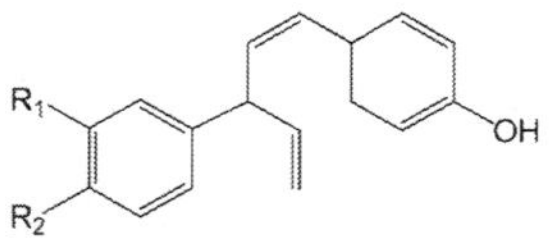

3'-hydroxy-4'-methoxy-4'-dehydroxynyasol(R_1=OH, R_2=OCH₃)
nyasol(R_1=H, R_2=OH)
3'-methoxynyasol(R_1=OCH₃, R_2=OH)

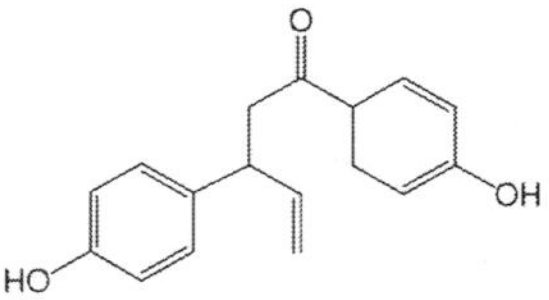

1,3-di-*p*-hydroxyphenyl-4-penten-1-one

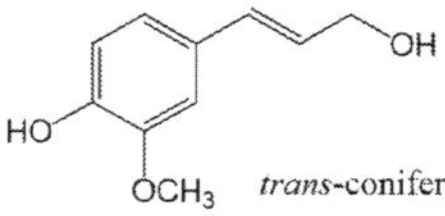

trans-coniferyl alcohol

천문동 주요성분의 유기화학 구조

참당귀

학명 Angelicae Gigantis Radix
별명 승검초의 뿌리

기원 당귀는 참당귀, 중당귀 및 이당귀로 불리는 세 종류가 있다. 개당귀는 약초꾼들 사이에서 독초로 통용되는 지리강활을 구별하기 위해 부른 어원에서 유래된 것 같다.

식물형태 참당귀는 2~3년생 초본으로 줄기는 1~2m 정도 곧게 자라며, 녹색이며 자주빛을 띤다. 뿌리는 굵고 강한 향기가 있다. 잎은 1~3회 익상복엽이고 소엽은 3개로 갈라지고 다시 2~3개로 갈라진다. 8~10월에 자색의 꽃이 피고 종자는 9~10월에 여문다.

산지 한국, 중국, 일본

약미·약성 맛은 약간 쓰면서 달고 냄새가 난다.

성분 토당귀에는 Decursin, Decursinol, Umbelliferon, β-Sitosterol, Iso-imperatorin 등이 함유되어 있고, 일당귀에는 Ligustilide, Falcarindiol 등의 성분이 많다.

약리작용 조절작용, 진정작용, 진통작용, 항균작용, 설사작용 및 비타민E

결핍 치료 작용을 하므로 빈혈증, 진통, 강장, 통경 및 부인병약으로 쓰이며 봄에 어린순을 나물로 식용하기도 한다.

활용 당귀는 피를 맑게 해줘서 심장병에 아주 좋은 약재이다. 승검초 뿌리인 당귀는, 비타민 B_{12}와 엽산 성분을 함유하고 있어 혈액을 보충해 주며, 혈액순환을 원활하게 하는 약재이다. 피가 잘 안 통해서 혈전이 될 때, 그로 인해 협심증이 있을 때, 당귀를 끓여서 차처럼 꾸준히 마시면 효과가 있다.

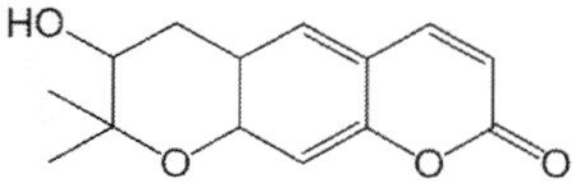

decursinol

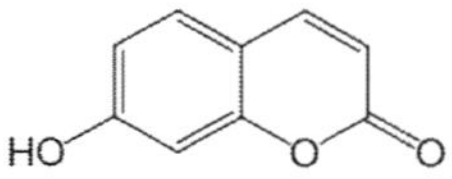

umbelliferon

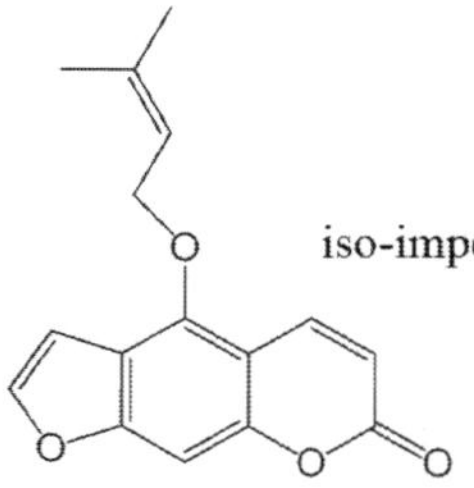

iso-imperatorin

참당귀 주요성분의 유기화학 구조

천마

학명 Gastrodia elata
별명 적마, 죽간초

기원 천마는 뽕나무버섯균(Armillaria mellea Fr.)에 공생하는 다년생 난과 식물로서 중국, 일본, 한국 등에 분포한다. 우리나라에는 제주도를 포함한 전국의 해발 100~1,000m 산악에 자생하는데 뽕나무 버섯균이 존재하는 반그늘진 배수가 양호한 사질양토에 분포하고 있다.

식물형태 높은 산기슭 그늘지고 습한 곳에서 볼 수 있다. 꽃은 노란빛이 도는 갈색으로 핀다. 잎은 칼집모양이며 길이는 1~2cm로 아주 작아 언뜻 보면 잎이 없이 줄기만 솟아있는 것처럼 보인다. 줄기가 길게 올라와 끝부분에서 꽃이 10~20개 정도가 어긋나기로 핀다. 높이는 60~100cm. 관상용, 약용. 여러해살이풀이다

산지 한국 · 일본 · 중국 · 타이완

약미 · 약성 천마는 달고, 쓰고, 짜고, 맵고, 시고, 담담하고, 구수하고, 아리고, 노리고, 비리고, 찌리한 맛 등 온갖 맛을 지니고 있어서 모든 장부와 경락에 다 들어간다.

성분 10여종의 Gastrodin, VanityI alcohol, VanityI sterol, phenol 성 화학물

약리작용 땅속 덩이뿌리를 신경질환, 강장, 두통, 간질, 마비, 언어장해, 고혈압, 진통, 진정, 요담통, 경기, 중풍치료의 특효약으로 쓰고 있으며, 땅위줄기는 채취하여 다려서 병질환에 이용하고 있다.

활용 덩이줄기를 요슬통, 변비, 중풍, 풍습, 현기증, 익정, 신경쇠약, 강장, 두통 등의 약으로 쓴다.

천궁

학명 Lingustieum chuangxiong HORT Cnidium officinale MAKINO
별명 향과(香果), 호궁(胡芎), 경궁(京芎), 궁궁(芎芎)

기원 산형과 다년생 초목인 천궁의 뿌리를 말린 것.
식물형태 뿌리줄기는 길이가 5~10 cm, 지름이 3~5 cm로 비대하고 좋은 향기가 나며, 줄기는 높이가 30~60 cm로 가지가 갈라진다. 잎은 어긋나게 나며 달걀형으로 가장자리에 깊은 톱니가 있다.
산지 우리나라 해발 300m 이상의 산간 고랭지인 중부이북 지방에서 많이 재배되고 있으며, 부식질이 풍부한 사양토 또는 식양토(pH 6.5~7.0)로써 배수가 잘 되고 표토가 딱딱하거나 얕지 않은 토양에서 생육이 양하다.
약미·약성 맛은 맵고, 성질은 따뜻하다.
성분 정유와 senkyunolide E, ligustilide, ligustilidiol, neocnidilide, ferulic acid, 아미노산, 알카로이드 등이 함유되어 있다.
약리작용 어혈을 없애는 약. 어린순을 나물로 먹는다. 뿌리줄기는 진통, 진정, 항궤양, 항균작용이 있다. 간과 담, 심포에 작용한다. 천궁은 혈액과 기를 잘 돌게 하는 대표적인 약재이다. 인체 내에서 혈액이 잘 돌지 못하면 월경부조, 월경통, 부월경, 두통, 복통 등 여러 가지 증상이 생기는데 천궁은 이러한 증상을 개선시켜 준다. 또한 외상이나 타박상으로 비정상적인 혈액이 정체하여 통증을 유발하는 데에도 좋은 효과가 있다. 두통, 어지럼, 생리불순, 생리통, 복통, 외상으로 인한 타박상 등을 다스린다.

활용 늦은 가을에 서리가 내린 다음 뿌리를 캐서 줄기를 버리고 물에 씻어 햇볕에 말린다. 썰어서 물에 담아 기름기가 빠지도록 울궈내서 써야한다. 하루 6~12g을 탕약, 가루약, 알약 형태로 먹는다.

당귀(當歸), 숙지황(熟地黃), 백작약(白芍藥) 등과 배합하여 혈이 부족하면서 어혈이 있는 증상을 다스린다.

senkyunolide E   ligustilide

ligustilidiol   neocnidilide

ferulic acid

천궁 주요성분의 유기화학 구조

차즈기

학명 Perilla frutescens var. acuta Kudo
별명 자소, 소엽, 차조기, 자주깨

기원 쌍떡잎식물 통화식물목 꿀풀과의 한해살이풀
식물형태 높이는 20~80cm이다. 전체적으로 보랏빛이 돌며 향기가 있다. 줄기는 곧게 자라고 둔하게 네모가 진다. 잎은 마주나기를 한다. 잎몸은 넓은달걀꼴이며 양면에 털이 있고 보랏빛이 돌며 잎 가장자리는 톱니가 있다. 꽃은 8~9월에 연한 보랏빛으로 핀다. 꽃받침은 위쪽 3개와 아래쪽 1개로 갈라지고 털이 있다. 꽃부리는 통모양이며 아랫입술꽃부리가 윗입술꽃부리보다 조금 길다. 수술은 4개이며 그중 2개가 길다. 열매는 둥근꼴이고 지름 1.5 mm로서 꽃받침속에 들어 있다.
산지 한반도에서는 심어 기르고 있거나 심던 것이 야생상으로 퍼졌다. 세계적으로는 아시아에 분포하고 있다.
약미·약성 맛은 맵고, 성질은 따뜻하다. 약용은 잎, 줄기, 씨 등 식물체 전체를 쓴다.
성분 휘발성 정유 0.5% 중에 perillaldehyde, limonene, pinene, peril-

lalcohol, shisonin, apigenin, luteolin, caffeic acid, rosmarinic acid, naginataketone, elsholtziaketone, ergomaketone, isoegoma 등, 지방유 4.5% 가량과 비타민 B_1

약리작용 피부혈관 확장, 땀샘의 분비, 해열작용, 혈당 상승, 부패 방지, 중추신경 억제, 포도상구균. 대장균 .이질균의 발육을 억제한다.

활용 잎과 종자는 정신불안, 발한, 진해, 진정, 진통, 이뇨 등의 한방약이나 생선과 게의 중독에 해독제로 쓴다. 차즈기 잎은 향기가 좋아서 식욕을 돋우는 채소로 좋고 여름철에는 오이, 양배추로 만든 반찬이나 김치에 넣어 맛을 내는데 쓴다. 차즈기는 입맛을 돋우고 혈액순환을 좋게 하고, 땀을 잘 나게 하며, 염증을 없애고, 기침을 멈추며, 소화를 잘 되게 하고 몸을 따뜻하게 하는 등의 효능이 있다. 물고기의 독을 푸는 것으로 이름 높다. 차즈기 씨에서 기름을 짜는데 이 기름에는 강한 방부 작용이 있어서 20그램의 기름으로도 간장 180리터를 완전히 썩지 않게 할 수 있다. 차즈기 씨 기름에는 좋은 향기가 있어서 과자같은 식품의 향료로도 쓰인다. 차조기는 영양도 풍부하다. 비타민A, 비타민C, 칼슘, 인, 철 등 미네랄이 많이 들어 있는 식욕증진, 이뇨, 해독 정신안정, 무좀, 두통 등 여러 질병에 다양하게 쓸 수 있다.

만성 복막염으로 밤낮없이 땀을 흘리며 고통을 받을 때는 그늘에서 말린 차즈기씨 한줌을 500cc의 물로 달여 300cc 정도 되면 하루 동안에 수시로 먹는다. 10일 가까이 계속하면 치료가 빨라진다. 기침, 가래에는 차즈기 잎과 도라지 뿌리를 달여서 마신다. 또는 차즈기 잎을 생즙을 내어 마신다. 기관지염, 천식에도 효과가 좋다. 감기에는 차조기 잎 30그램과 귤껍질 10그램을 물로 달여서 마시고 땀을 푹 낸다. 물고기 게를 먹고 중독되었을 때 차즈기 20~30그램을 진하게 달여 마신다. 불면증 신경 쇠약에는 차즈기 잎을 생즙을 내어 한 잔씩 마신다. 아니면 차즈기 잎 날것을 베게 밑에 넣고 잔다. 당뇨병에는 차즈기 씨, 무씨를 반씩 섞어서 볶아 가루 내어 한번에 5~10그램씩 하루 세 번 먹는다. 호흡곤란일 때에는 차즈기씨 20그램, 무씨 10그램을 물에 달여 하루 세 번에 나누어 먹는다. 여러 가지 원인으로 숨이 찰 때에 효과가 있다.

perillaldehyde

차즈기 주요성분의 유기화학 구조

택란

학명 Lycopus ramosissimus var. japonicus
별명 수향, 지순

기원 Labiatae(꿀풀과)의 쉽사리 Lycopus lucidus Turczaninow의 전초를 택란이라고 한다. 중국의 택란은 쉽사리 L.lucudus Turcz. 의 전초가 정품이지만, 호북, 호남, 북건, 광동, 광서성에서는 Compositae(국화과)의 Eupatorium fortunei Turoz.의 전초를 택란이라고 한다. 택란이란 말은 연못의 가장자리에 자라기 때문에 도홍경이 붙인 이름이다.

식물형태 다년초로서 높이가 1m에 달하고 원줄기는 네모가 지며 녹색이지만 마디는 검은빛이 돌고 백색털이 있으며 지하층은 백색이고 굵으며 옆으로 벋는 가지 끝에서 새순이 나온다. 잎은 대생하고 옆으로 퍼지며 넓은 피침형이고 양끝이 좁으며 둔두이고 밑으로 좁아져서 날개가 없는 엽병처럼 되며 길이 2~4cm, 나비 1~2cm로서 양면에 털이 없고 가장자리에 톱니가 있다. 꽃은 7~8월에 피며 백색이고 엽액에 많이 모여 달리며 꽃받침과 길이가 비슷하다

산지 분포지역은 아시아 동부, 북아메리카 이며, 자생지는 습지에서 자란다.

약미·약성 냄새가 없고 맛은 쓰고 매우며, 성질은 약간 따듯하다.

성분 정유, glucose, tannin과 resin, flavonoid 등

약리작용 강심작용과 진통작용, 지혈작용이 있다.

활용 ① 어혈로 인해 생리가 없는 증상 및 생리통, 산후 복통에 활용된다. ② 어혈을 풀어주는 약 중에서 정기를 손상시키지 않는 장점이 있어 부인과에 많이 응용되는 약이다. ③ 타박상을 제거한다. ④ 습열로 인한 종기에도 유효하다. ⑤ 간기능 장애로 인한 흉협부 동통을 치료한다. ⑥ 이뇨작용은 약하나 산후에 전신이 부었을 때 및 소변의 양이 적으면서 잘 나오지 않는 증상에 활용된다. ⑦ 상처, 부스럼, 황달, 중풍, 고혈압 등에도 쓴다.

탱자나무

학명 Poncirus trifoliata
별명 구귤, 향연

기원 쌍떡잎식물 쥐손이풀목 운향과의 낙엽관목. 탱자의 덜익은 어린 열매를 '지실(枳實)'이라고 하고 성숙기가 가까운 미숙한 열매를 '지각(枳殼)'이라고 부른다.

식물형태 높이 3~4m이다. 가지에 능각이 지며 약간 납작하고 녹색이다. 가시는 길이 3~5cm로서 굵고 어긋난다. 잎은 어긋나며 3장의 작은잎이 나온 잎이고 잎자루에 날개가 있다. 작은잎은 타원형 또는 달걀을 거꾸로 세워놓은 모양이며 혁질(革質:가죽 같은 질감)이고 길이 3~6cm이다. 끝은 둔하거나 약간 들어가고 밑은 뾰족하며 가장자리에 둔한 톱니가 있다. 잎자루는 길이 약 25mm이다. 꽃은 5월에 잎보다 먼저 흰색으로 피고 잎겨드랑이에 달린다. 꽃자루가 없고 꽃받침조각과 꽃잎은 5개씩 떨어진다. 수술은 많고 1개의 씨방에 털이 빽빽이 난다. 보통 귤나무류보다 1개월 정도 먼저 꽃이 핀다. 열매는 장과로서 둥글고 노란색이며 9월에 익는데, 향기가 좋으나 먹지 못한다. 종자는 10여 개가 들어 있으며 달걀 모양이고 10월에 익는다.

산지 한국 중부 이남에 분포한다.

약미·약성 지실은 맛은 쓰며, 성질은 차고 독이 없다. 지각은 맛은 맵고 쓰며, 성질은 서늘하고 독이 없다

성분 neohesperidin, naringin

약리작용 지실 및 지각의 물추출액은 혈압상승, 신용적의 감소작용이 있고, 수축작용, 이뇨작용이 있다.

활용 강심작용, 혈압 상승 작용, 이뇨작용, 흉협통, 복부팽만, 소화불량, 위하수, 위확장증, 자궁하수, 탈항, 복부창만, 심장쇠약, 쇼크, 잦은 트림, 흉복 창만, 흉비, 비통, 담벽(痰癖), 수종(水腫), 식적(食積), 변비, 치통, 소아 종기, 풍진으로 인한 가려움증, 소아 경기로 인한 구토 및 경풍, 직장 탈항, 대변 하혈, 장풍 출혈, 설사, 오적육취(五積六聚), 복통을 치료한다.

포공영

학명 Taraxacum platycarpum H. Dahlstedt
별명 황화지정(黃花地丁), 지정(地丁), 황구두(黃拘頭), 포공초(蒲公草), 포공정(蒲公丁)

기원 국화과에 속한 다년생 초본인 민들레의 지상부 전초
식물형태 꽃은 4~5월에 피고, 잎보다 다소 짧은 꽃자루가 나와서 1개의 꽃이 달린다. 총포의 외포편은 긴 타원형으로 곧게 서며, 뿔 같은 작은 돌기가 있다. 꽃통은 노란색, 수과는 갈색이 돌고 긴 타원형이다. 이 약재는 긴 방추형의 뿌리와 근두부에 긴 타원형이며 날개 모양으로 갈라진 잎이 여러개 붙어 있다. 길이 5~30cm, 뿌리의 지름 5~20mm이다. 잎의 바깥면은 황록색~회록색이고, 뿌리는 엷은 갈색~흑갈색이며 꽃과 열매가 달려 있는 것도 있다.
산지 봄, 여름에 채취하고 우리나라 각지의 인가 근처나 전원에 자생한다.
약미·약성 맛은 쓰고 달며, 성질은 차갑다.
성분 neolupenol acetate, tarolupenol acetate, austricin, 이눌린, 팔미천산, 이눌산, 비타민 B와 C, 리놀산과 콜린
약리작용 열을 내리는 약, 억균작용과 면역기능강화, 담즙분비 작용과 간

기능보호작용, 이뇨작용이 있다.

활용 간과 위에 작용한다.

포공영(민들레)은 해열작용과 해독작용, 소염작용이 있어 열독으로 인한 각종 외과질환에 많이 쓰이는 약이다. 열독으로 인하여 생긴 종창, 유방염, 인후염, 맹장염, 폐농양 등에 주로 사용한다. 급성간염, 황달, 위염이나 위궤양, 소화불량, 변비 등에도 효과가 빠르고, 항생제나 소염진통제로 사용한다.

4월에 꽃이 처음 필 때에 채집하여 깨끗이 씻은 후 그늘에 말려서 이용하며, 하루 9~30g, 많은 양으로는 60g까지 달여서 복용한다.

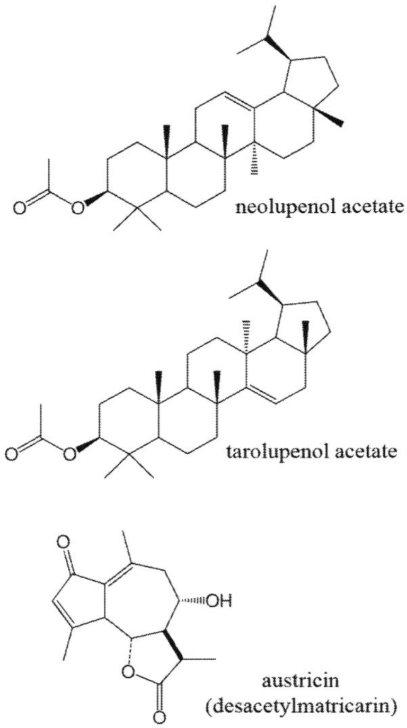

neolupenol acetate

tarolupenol acetate

austricin
(desacetylmatricarin)

포공영 주요성분의 유기화학 구조

홍화

학명 Carthamus tinctorius
별명 홍람, 이꽃, 잇나물

기원 아침 이슬에 젖었을 때 꽃을 따서 말린 것을 홍화라고 한다. 페르시아에서 귀국할 때 수 많은 토산품을 가지고 돌아왔으며 돌아 올 때는 가던 길과 다른 길을 택하여 귀국했다. 천산(天山)산맥을 경유하여 타크라마칸 사막(Taklamakan Desert) 북쪽을 따라 원삭(元朔) 3년(기원 전 126 년)에 귀국하여 장안(長安)으로 돌아왔다. 장장 13 년 동안에 100여 명의 수행원 중 오직 두 명만 살아서 귀국하였다. 이때 장건은 수 많은 신기한 서역 지방의 토산품을 가지고 돌아왔는데 그중 홍화가 들어 있었다.

식물형태 잇꽃의 뿌리형태는 윤곽이 뚜렷하며 종종 원뿌리가 단단한 육질이며 보통 가는 수평의 측근이 생긴다. 원뿌리는 일반적으로 2~3m 깊이까지 신장하므로 토양으로부터 많은 수분과 양분을 흡수한다. 줄기는 직립하고 기부는 목질화되었으며 윗부분에서 분지가 많이 발생하면서 가늘어지고 아주 부드러우며 털이 없고 밝은 회색 또는 흰녹색으로 가느다란 세로의 홈이 있고 성숙했을 때 부러지기 쉽다. 잎은 어긋나며 단단하고 잎자루가 거의 없이 줄기를 싸고 있다. 잎모양은 달걀 모양이거나 달걀모양 피침형으로서 길이는 3.5~9cm, 너비는 1~3.5cm이고 기부는 점차 좁아지며 선단은 점차 뾰족해지고 가장자리는 예리한 톱니 모양이다. 윗부분의 톱니는 점차 작아져 두상화를 에워싸고 있다. 줄기 아래 부분의 잎은 가시가 별로 없고 위쪽의 잎에는 가시가 많은 것, 가시가 없는 것, 가시가 단단한 것까지 특성이 다양하다.

산지 한국, 인도, 중국, 이집트, 남유럽, 북아메리카, 오스트레일리아

약미·약성 성질은 따뜻하다.

성분 Linolic acid

약리작용 콜레스테롤 과다에 의한 동맥경화증

종자에서 짠 기름에는 리놀산(linolic acid)이 많이 들어 있어 콜레스테롤 과다에 의한 동맥경화증의 예방과 치료에 좋다.

활용 부인병, 복통 등에 활용한다. 홍화를 물에 넣어 황색소를 녹여낸 다음 물에 잘 씻어서 잿물에 담그면 홍색소가 녹아서 나온다. 여기에 초를 넣어서 침전시킨 것을 연지로 사용하였으며, 천·종이 염색도 하였다. 또한 이집트의 미라에 감은 천도 이것으로 염색한 것이다. 기름을 짜서 등유와 식용으로 하였고 등잔불에서 얻은 검댕으로 만든 것이 홍화묵이다.

황기

학명 Astragalus membranaceus Bunge
별명 노랑황기, 단너삼

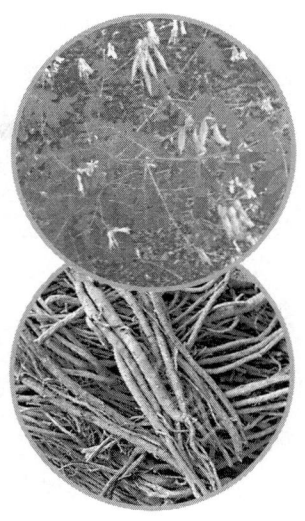

기원 콩과의 황기 Astragalus membranaceus Bunge 의 뿌리의 주피를 제거하여 건조한 것을 황기라고 한다. 중국산 황기는 Astragalus membranaceus Bunge 및 A.monghoilcus Bunge의 뿌리를 건조한 것이며, 면황기, 소황기 등으로 불리운다.

식물형태 산지의 바위틈에 자란다. 높이 40~70cm이며 전체에 흰색의 부드러운 잔털이 있다. 줄기는 총생(叢生)하며 잎은 6~11쌍의 작은잎으로 이루어진 홀수 1회 깃꼴겹잎이다. 작은잎은 길이 약 1~2 cm로 달걀 모양의 타원형이며 잎가장자리는 밋밋하다. 떡잎은 바소꼴로써 끝이 길게 뾰족하다. 잎겨드랑이에서 총상(總狀)으로 대가 긴 꽃이삭이 나오며 5~10개의 꽃이 달린다. 7~8월에 황백색 꽃이 피며 길이 약 2cm이고 작은 꽃자루는 길이 약 3mm이다. 꽃받침은 길이 약 5mm이고 흑갈색 털이 있으며 5개로 갈라진다. 수술은 10개이고 열매는 11월에 결실하며 협과이다. 꼬투리는 긴 타원형으로 양 끝이 뾰족하고 길이 2~

3cm이며 5~7개의 종자가 들어 있다.

산지 경상북도(울릉도), 강원도에 야생하고, 정선, 제원, 단양, 인제, 영월, 양평등지에서 많이 재배한다.

약미·약성 맛은 달다.

성분 flavonoid; formonetin, astraisoflavan, astrapterocarpan, R-aminobutylic acid, saponin; astragaloside I -IV, soyasaponin I

약리작용 황기의 수침액, 에탄올 추출액을 가토, 개, 고양이 등에 정맥주사하면 혈압 강하 작용이 있다.

활용 이뇨(利尿)·소종(消腫) 등의 효능이 있어 신체허약·피로권태·기혈허탈(氣血虛脫)·탈항(脫肛)·자궁탈·내장하수·식은땀·말초신경 등에 처방한다. 지한, 이뇨, 강장약, 기표의 수독을 제거하는 효능이 있으므로 자한, 도한, 통비, 소변불리에 응용한다.

① 종기가 오래되어 계속 고름이 나오고 통증이 그치지 않을 때 달여 마시고 환부를 낫게 한다. ② 당뇨병에 황기를 삶은 물을 계속 먹으면 효과가 있다. ③ 식은땀을 많이 흘리는 사람에서 2~3g을 달여 먹이면 효과가 있고, 인삼을 첨가하면 더욱 효과가 있다. ④ 폐결핵에 찹쌀, 마늘과 황기를 넣어 달여 마신다.

astragaloside I, II, III, IV
(by R_1 and R_2)

astraisoflavan

astrapterocarpan

황기 주요성분의 유기화학 구조

후박나무

학명 Machilus thunbergii Siebold & Zucc.

별명 천박(川朴) 후피(厚皮) 중피(重皮) 적박(赤朴) 열박(烈朴)

기원 목난과(목련과 Magnoliaceae)에 속한 상록활엽교목인 후박나무의 수피를 채취하여 건조한 것이다. 엽은 도난상의 장타원형으로 잎밑은 날카롭고 미상으로 첨두하며 거치가 없다. 화는 원추화서로 5~6월에 개화하고 과실은 장과로서 구형이며 익년 7월에 암자색으로 익는다.

식물형태 높이 20m. 줄기 껍질은 회백색이고, 잎은 새로 나온 가지 끝에 모여서 어긋난다. 꽃은 5월에 잎이 나온 다음 가지 끝에 1개씩 달리는데, 연한 누른빛이 도는 흰색이다. 꽃받침 잎은 3개, 꽃잎은 6~9개, 수술과 암술이 많고, 수술대는 밝은 붉은색, 꽃밥은 황백색이며, 긴 타원형의 열매는 홍자색으로 익는다. 약재는 판상을 이루고 있으며 두께가 5mm 내외이다. 바깥면은 회갈색을 주로 띠며 절단면에서 섬유질을 찾아 볼 수 있다.

산지 제주도나 울릉도, 일본, 타이완 및 중국 남부에 분포한다.

약미·약성 맛은 달고 매우며, 약성은 쓰고 독성은 없다.

성분 수피: tannin 0.5%, 樹脂(수지) 12.4%, 고무 0.7%, 다량의 점액질, 뿌리: benzyl isoquinoline계, alkaloid의 n-norarmepavine과 reticulin, 심재: lignoceric acid, quercetin, ε-catechol, magnocurarine, magnolol, magnolignan, honokiol, β-eudesmol

약리작용 건위와 활혈, 진통, 소염, 소종에 사용된다.

활용 비위가 차서 소화가 안 되고 음식을 적게 먹으면서 구토, 설사를 할 때에 쓴다. 타박상, 근육통, 다리부종을 제거할 때 활용하며, 염좌상에는 짓찧어 환부에 붙여서 염증을 제거하고, 나무껍질과 잎을 분말로 하여 물로 적시면 점성이 강해지므로 선향의 결합제로 한다.

후박나무 주요성분의 유기화학 구조

황금

학명 Scutellaria baicalensis Georgi
별명 내허(內虛), 공장(空腸), 조금(條芩), 고금(枯芩), 편금(片芩)

기원 꿀풀과의 다년생초본인 황금의 뿌리이다
식물형태 높이 60cm. 꽃은 7~8월 자줏빛으로 피며, 꽃받침은 종모양, 꽃통은 밑부분이 굽고 윗부분이 2개로 갈라지며, 뒤의 갈라진 조각은 투구 모양이다. 열매는 꽃받침 안에 들어 있으며 둥글다. 약재는 원주상에 길이는 5~25cm이며 바깥면은 황갈색을 띠고 거칠며 군데군데 뿌리자국이 남아 있다. 껍질을 벗겨보면 황금과 같은 노란색을 띤다.
산지 우리나라 각지 겨울을 제외한 봄·여름·가을에 모두 채취 가능하며, 재배 3~4 년근이 가장 좋다.
약미·약성 맛은 쓰고, 성질은 차다.
성분 bicalein, bicalin, wogonin, wogonoside, neobicalein 등
약리작용 열을 내리는 약, 청열습조(淸熱濕燥)·사화해독·안태·위염·장염·진해 등에 사용하고 소염제·충혈제·해열제·건위제로 쓴다.
활용 가을에 채취하여 건조하여 이용함. 하루 4-12g을 복용하며

폐와 담, 위, 대장에 작용한다. 황금은 쓰고 찬 성질로 습기를 없애고 열을 제거하며, 주로 폐에 작용하여 폐의 열로 인한 기침, 가래 등에 많이 사용한다. 또한 대장에 작용하여 이질과 설사를 치료하며, 임산부가 태동불안으로 유산의 기미가 있을 경우에도 쓰인다. 어린 황금을 '조금(條芩)'이라 하는데, 대장의 습열로 인한 이질에 더욱 효과가 있으며, 기타 황달, 당뇨, 코피, 피를 토하는 증상 등에 사용한다.

wogonin

황금 주요성분의 유기화학 구조

황경피나무

학명 Phellodeneron amurense Ruprecht
별명 황경나무, 황백나무, 자벽, 소벽, 벽목, 벽피, 황벽나무

기원 운향과의 황경피나무 및 변종의 코르크층을 제거한 수피를 건조한 것을 황백이라고 한다. 중국산 황백은 phellodeneron amurense Ruprecht 및 또는 그 변종의 수피를 건조한 것이다. 사천성, 청해성, 하남성, 산서성의 일부 지역에서는 매자나무과의 수피를 산황백, 토황백 이라고 부르며, 황백의 대용품으로 사용한다.

식물형태 높이가 10m에 달하는 낙엽교목으로서 가지는 굵으며 사방으로 퍼지고 수피는 퍼지고 수피는 연한 회색이며 코르크가 발달하여 깊이 갈라지고 내피는 황색이다. 잎은 대생하며 기수1회 우상복엽이고 소엽은 5-13개이며 난형 또는 피침상 난형이고 미상 첨두이며 원저이고 길이 5-10cm, 나비 3-5cm로서 표면은 윤기가 있으며 뒷면은 백색이고 엽맥 기부에 털이 약간 있다. 원추화서는 잔털이 있으며 지름 5-7cm 이고 꽃은 2가화로서 6월에 피며 길이 6mm로서 소화경이 짧고 화피는 5-8개 이다. 열매는 둥글며 7월에 흑색으로 익고 겨울 동안 달려있는

것이 많으며 5개의 종자가 들어 있다.

산지 전국 각지의 깊은 산에서 자란다. 한국, 일본, 중국, 아무르 등지에 분포한다.

약미·약성 맛은 쓰고, 성질은 차며 독이 없다.

성분 alkaloid 1.5-4.5%을 함유, 주성분은 berberine이며, 그 밖에 palmitine, jateorrhizine, obakunone magnoflorine, guanidine, phellodendrine

약리작용 체열이 심하고 소변을 못 보면서 통증을 호소하는 증상에 해열, 이뇨작용을 나타낸다. 만성, 세균성 이질에도 이질균의 발달을 억제시켜 효력을 본다. 발열을 동반하는 피부발진, 종기, 습진, 화상, 안구충혈 등에도 소염, 해열작용을 나타낸다.

활용 고미건위약 및 정장약, 소염성수렴약으로서 위장염, 복통, 황달, 하리 등에 응용, 도한 타박상에 외용한다.

① 당뇨병의 치료에 달여 마신다. ② 밀가루와 황백을 같은 양으로 혼합하고 여기에 달걀흰자와 식초 5-6방울을 섞어 타박상의 환부에 붙이면 어혈을 푼다. ③ 눈병의 치료에 30g을 물 1홉에 달여서 씻는다.

위염에는 황벽나무 껍질과 열매를 달여서 복용한다. 신경통에는 황벽나무 껍질과 느릅나무 껍질을 같은 양으로 하여 여기에 물을 많이 넣고 달여서 푹 우러난 후에 찌꺼기는 짜 버리고, 그 물만 다시 오랫동안 끓여 엿이나 꿀처럼 만든다. 이것을 아픈 곳마다 바른다.

황백은 신경, 방광경, 유행성 뇌막염, 세균성 이질, 폐렴, 폐결핵, 간경변, 만성 간염, 급성 결막염, 만성 화농성 중이염, 만성 상악동염, 귀습진, 해열, 해독, 설사, 당뇨병, 황달, 하반신 마비, 몽정, 치질, 변혈, 음위증, 타박상, 비만증, 이질, 염좌, 관절통, 근육통, 심계항진, 조루, 현기증, 유행성결막염 등에 두루 쓰인다.

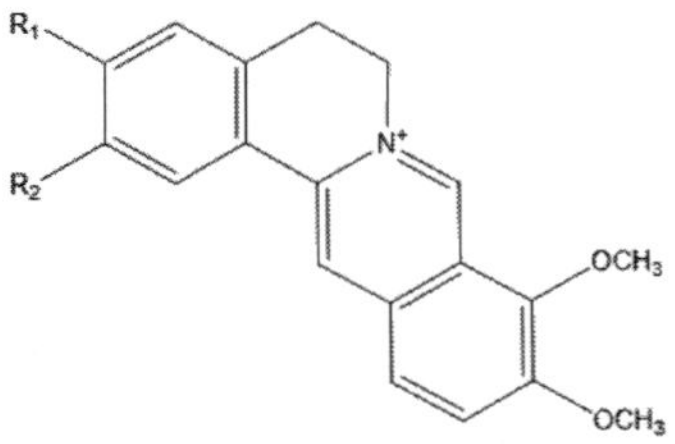

berberine: $R_1=CH_3$, $R_2=$ -O-
palmatine: $R_1=OCH_3$, $R_2=OCH_3$
jateorrhizine: $R_1=OH$, $R_2=OCH_3$

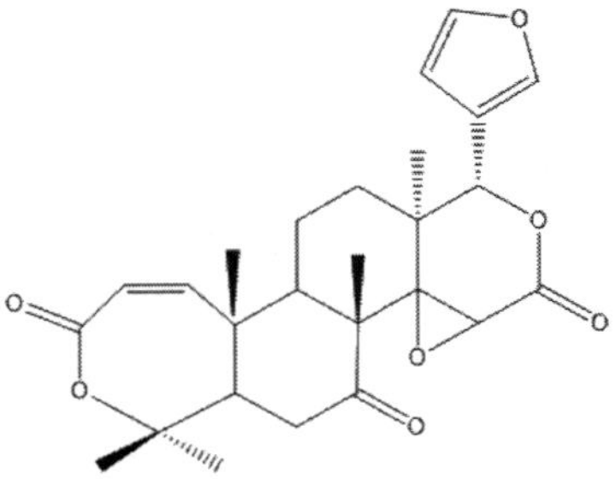

obakunone

황경피나무 주요성분의 유기화학 구조

형개

학명 schizonepeta tenuifolia Briquet
별명 가소, 일념금, 서명, 강개

기원 순형과의 형개의 화수를 형개수라고 한다. 중국산 시장품은 형개의 전초가 동북 지역에서는 혼합품, 광동성에서는 salvia plebeia을 형개라고 한다. 호북성에서는 ocimum basilium을 형개라고 한다. 협서성 화음에서는 토형개라고 한다. 복건성 복안에서는 토형개라고 하며, 호남성 장사에서는 산형개라고 부른다. 운남, 산서성에서는 형개라고 하며, 호북성에서는 소형개라고 한다. 이상과 같이 중국에서는 기원이 매우 혼란되어 있다.

식물형태 일년초로서 강한 향기가 있으며 높이가 60cm에 달하고 원줄기는 사각형이며 가지가 갈라진다. 잎은 대생하고 엽병이 있으며 우상으로 깊게 갈라지고 열편은 선형으로서 가장자리가 밋밋하다. 꽃은 8-9월에 피며 원줄기 윗부분에 층층으로 달리지만 끝에서는 층 사이가 짧기 때문에 수상화서같이 보인다.

산지 전국 각지에서 재배하고, 특히 남원, 담양에서 많이 재배한다.

약미·약성 맛은 시다.

성분 Volatile oils을 함유하는데 기름성분중에는 α-menthone, pulegone, schizonodiol, schizonol, schizonepetoside A, B, C, D 등이 있다.

약리작용 형개의 전제 및 침제는 가토의 귀정맥에 혼합 티프스균을 주사해서 생긴 발열에 대해 해열작용이 있다. 형개는 시험관내에서 결핵균의 생장을 억제한다.

활용 발표, 거풍, 진경약으로서 감모의 발열, 두통, 인후중통, 산후의 중풍, 토혈, 코피, 빈혈, 붕 등에 응용한다.

해산 후 머리가 아플 때는 형개 12g을 물 200ml에 끓여 하루 3번 먹든지 가루내어 4g을 하루 3번 먹는다. 자궁부정출혈에는 약성이 남게 태워서 가루내 한번에 8g씩 식후에 먹는다. 자궁부정출혈이 심하면 형개, 부들꽃가루(포황),측백잎, 갖풀(아교), 약쑥(애잎)을 각각 같은 양으로 15~20g을 물에 끓여 하루 세 번 먹는다. 해산후 10일 안에 2일 이상 열이 38℃이상 오르는 산후열에는 형개 가루를 1회 한 숟가락씩 하루 3번 먹는다. 허리와 잔등이 시리며 아픈 증상, 바람 맞기 싫어하는 증상, 화끈 달아오를 때에는 형개, 방풍 각 10g을 끓여 하루 3번 식후에 먹는다. 자궁 경관염으로 냉이 많고 아랫배가 아프면서 출혈을 하는 데는 형개이삭(형개수)을 약간 볶아서 가루내어 한번에 12g씩 하루 3번 먹는다. 토혈, 코피, 혈변, 혈뇨에 형개15g(거무스레하게 볶은 것), 지유 25g(거무스레하게 볶은것), 선학초 25g을 물로 달여서 하루에 2번 먹는다.

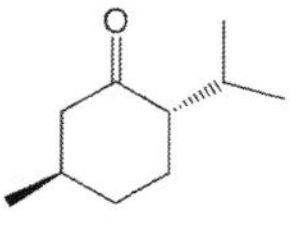

menthone 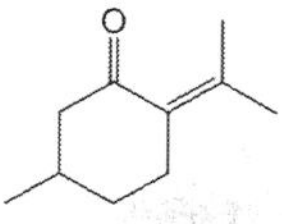   pulegone

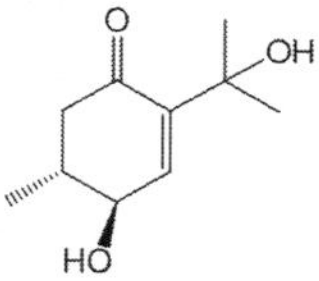

schizonodiol 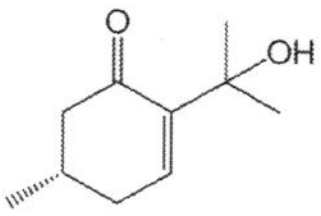   schizonol

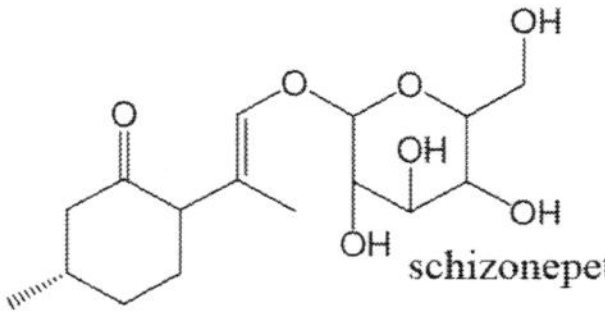

schizonepetoside A

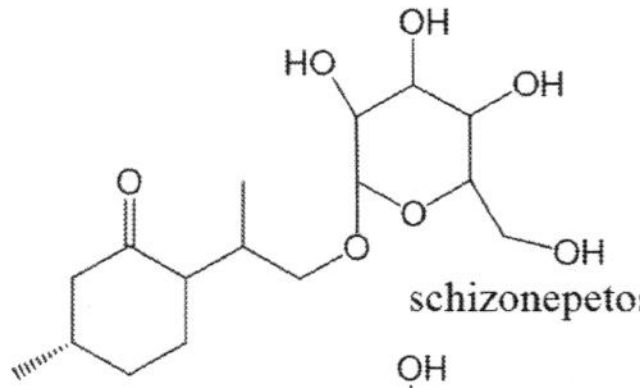

schizonepetoside B

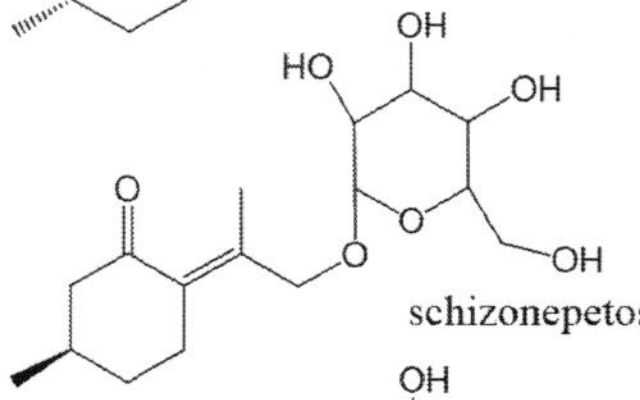

schizonepetoside C

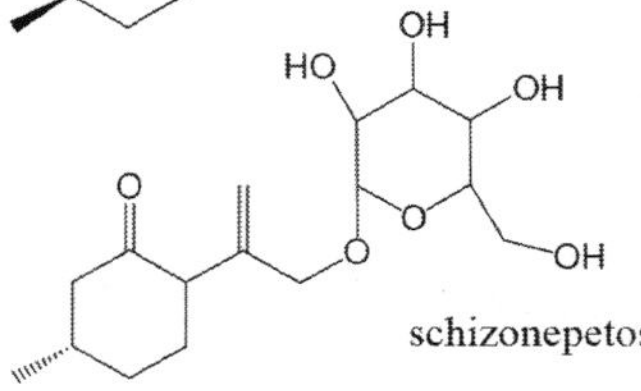

schizonepetoside D

형개 주요성분의 유기화학 구조

향부자

학명 Cyperus rotundus L
별명 갯뿌리방동사니, 사초뿌리

기원 Cyperaceae(방동사니과)의 향부자 Cyperus rotundus L 의 구경을 건조한 것을 향부자라고 하고, 수염뿌리와 인엽을 제거한 것을 광향부라고 한다. 명의별록의 중품에 수재되어 있으며 당본초에 처음으로 사초근을 향부자로 기록하고 있다.

식물형태 바닷가와 냇가의 양지쪽에서 자라는 다년초로서 밑부분에 낡은 괴경이 있어 굵어지고 근경은 옆으로 길게 뻗으며 끝부분에 괴경이 생기고 수염뿌리가 내린다. 잎은 총생하고 나비 2~6mm 로서 선형이며 밑부분이 엽초로 되어 화경을 둘러싼다. 7~8월에 잎 사이에서 높인 20~30cm의 화경이 나와 꽃이 피고, 꽃이 2줄로 달리며 적색이다.

산지 해변의 모래땅, 개울가에 자생하고, 고령, 청원, 원성, 밀양에서 재배한다.

약미·약성 맵고 쓰다.

성분 cyperol, cyperene, cyperenone, kobusone, isokobusone, breviquinone, cyperaquinone, isocyperol, sugetriol, sugeonol, conicaquinone, scabiquinone, scaberine, breverine, patchoulenone, cyperotundone

약리작용 향부자의 에타놀 추출물은 mouse에 대해서 현저한 진통작용이 있다. 또한 향부자의 추출액은 mormot, 가토, 고양이, 개등의 적출자궁에 대해서 수축억제, 자궁근의 긴장의 이완작용이 있다. 이 작용은 당귀의 작용보다 약하지만 이완작용은 비슷하다.

활용 통경, 정혈, 진통약으로서 월경부조, 월경통, 신경증, 각종의 위·복통에 응용된다. 민간에서는 폐결핵에 사용된다. 실제로 여성들의 생리통을 경감시키는데 효과가 있는 칠제향부환이나 여성이 신경과민이나 스트레스로 기운이 없고 식욕이 떨어지고 신경증이나 불면증 등을 호소하는 경우에 사용되는 향부자 팔물탕과 음식상으로 소화가 잘 되지 않는 경우에 사용되는 향사 평위산 그리고 소화가 되지 않으면서 기운이 없는 경우 사용되는 향사 육군자탕 등 다양한 질환에 응용된다.

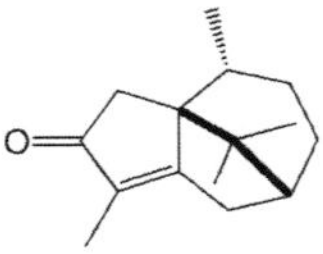

cyperenone 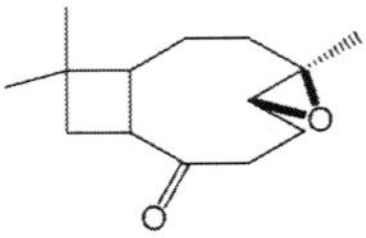 kobusone

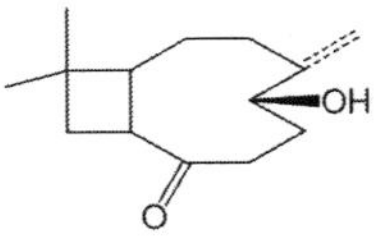

isokobusone 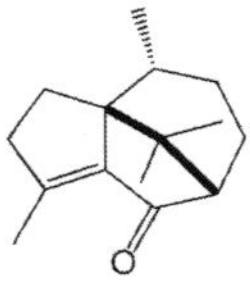 patchoulenone

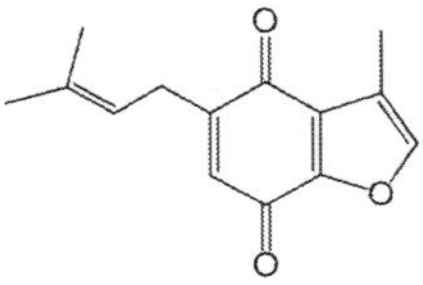

breviquinone 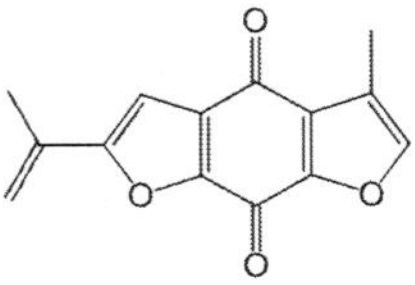 cyperaquinone

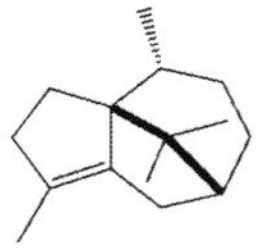

cyperene 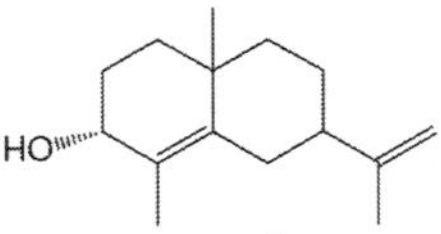 cyperol

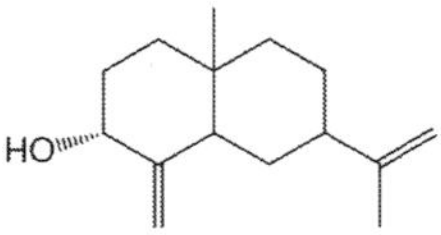

isocyperol 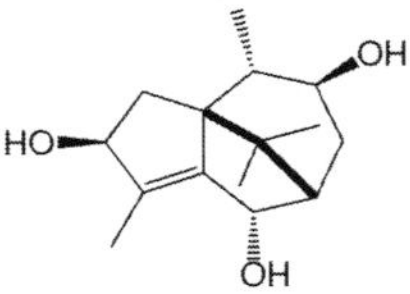 sugetriol

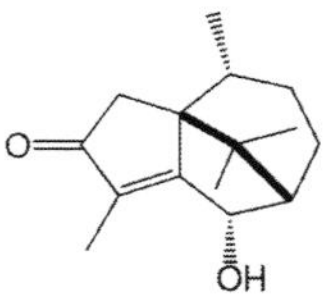

sugeonol 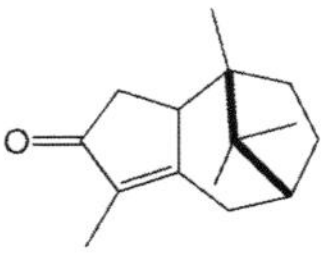 cyperotundone

향부자 주요성분의 유기화학 구조

해당화

학명 Rosa rugosa Thunb. var. rugosa.
별명 열구, 매괴, 배회화, 필두화

기원 약용은 줄기, 매괴화(뿌리), 잎, 꽃을 쓴다.

식물형태 넓은 잎 갈잎 떨기나무로 높이는 1.5m이다. 줄기는 불규칙하게 서며 가지에 날카로운 가시털이 많다. 잎은 어긋나기를 하고 홀수깃꼴겹잎이다. 작은잎은 7~9개이며 길둥근모양의 거꿀달걀꼴이고 길이 2~5cm로서 잎 가장자리는 톱니가 있다. 잎 앞면은 주름이 많고 잎 뒷면은 잔털이 많으며 샘점이 있다. 꽃은 5~8월에 자홍색으로 피며 향기가 있다. 꽃받침과 꽃잎은 각각 5개이다. 열매는 편평한 둥근꼴이며 8~9월에 붉은빛으로 익는다.

한편, 줄기에 털이 없거나 작고 짧은 것을 개해당화라 하고, 꽃잎이 겹인 것을 만첩해당화, 가지에 가시가 거의 없고 작은잎이 작으며 잎에 주름이 적은 것을 민해당화, 흰색 꽃이 피는 것을 흰해당화라고 한다.

산지 바닷가 모래사장에서 순비기나무와 함께 잘 살지만 내륙 깊숙한 곳에서도 추위와 공해에 잘 견디며 번성하고 비옥하지 못한 땅이나 습기가 없는 해변에서 자라며, 세계적으로는 일본, 중국, 만주, 우수리, 사할린, 북아메리카 등지에 분포한다.

약미·약성 맛은 달고 조금 쓰며, 성질은 따뜻하다.

성분 citronellal, geraniol, nerol, eugenol, phenylethylalcohol, ascorbic acid

약리작용 불면증, 저혈압, 빈혈증, 지혈, 이질, 종독, 월경불순, 당뇨

해당화 기름에는 코발트(Co)가 매우 많이 함유되어 있다. 코발트는 주로 B_{12}의 형태로 인체에 흡수되며, 세포 재생산, 적혈구 조절, 핵단백질과 수초합성에 절대로 필요하다. 또, 코발트는 탄수화물대사를 조절하는 인슐린의 조성에도 매우 큰 역할을 한다.

활용 열매 1Kg을 소주 1.8L에 담궈 밀봉하고 1~2개월 정도 숙성시킨다. 이것을 잠자리 들기 전에 1~2잔 마시면 불면증, 저혈압증, 빈혈 등에 효과가 있으며 무더위 극복에도 효과가 있다. 뿌리는 당뇨병 치료제로 효과가 있다. 중국과 일본에서는 해당화 꽃을 지사제나 지혈제로 사용한다.

하수오

학명 Pleuropterus mulriflous Turcz
별명 은조롱, 새박

기원 Asclepoadaceae(박주가리과)의 하수오 Pleuropterus mulriflous Turczdml 건조한 것을 하수오라고 한다.

식물형태 중국에서 들어온 덩굴성식물로서 오랫동안 재배된 바 있고 들로 퍼져 나간 것도 있으며, 전체에 털이 없고 뿌리는 땅속으로 뻗으면서 때때로 둥근 괴근을 형성한다. 잎은 호생하며 엽병이 있고 난상 심장형이며 길이 3~6cm, 나비 2.5cm~4.5cm로서 끝이 뾰족하고 밑부분이 심장저이며 가장자리가 밋밋하고 탁엽은 짧은 원통형이다. 꽃은 8~9월에 피며 백색이고 가지끝의 원추화서에 달린다.

산지 여천, 인제, 영광, 제주도, 연천에서 많이 재배한다.

약미·약성 쓰고 달다.

성분 rhein, 2,3,4',5-tetrahydroxystilbene, polygonimitin B, oxymethyl anthraquinone, chrysophanol, tannin, starch, fat

약리작용 하수오의 전제를 가토에 경구 투여하면 혈당치의 증가를 보이지만 즉시 감소한다. 하수오 중의 chrysophanol 및 하수오침제는 동물의 장관운동을 촉진한다.

활용 강장, 장정, 보혈, 사하약으로서 정혈의 부족, 요슬의 동통, 유정, 대하, 백모등에 응용한다.

① 환, 산 또는 술에 담그어서 먹으면 피로회복, 정력에 좋다.

② 인삼수오정을 달여서 먹으면 신경쇠약, 건망증, 불면, 식욕부진, 과로에 좋고, 장복하면 근육이 튼튼해지고 혈색이 좋아지고 흰머리가 검게 되어 노화를 방지한다. 단, 하수오에 사하성분인 chrysopanol 이 함유되어 있으므로 이것을 복용하여 설사를 하는 사람은 복용을 금한다.

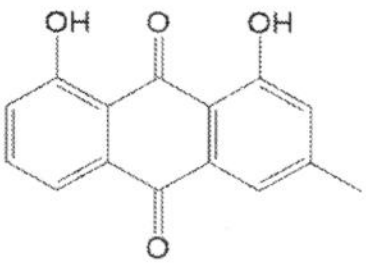

chrysophanol

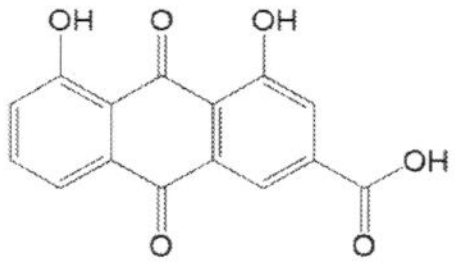

rhein

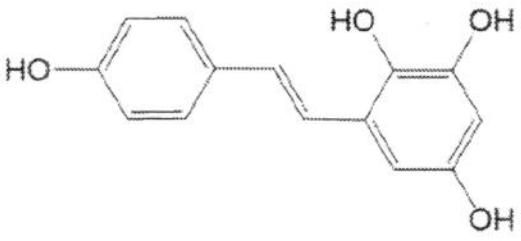

2,3,4',5-tetrahydroxystilbene

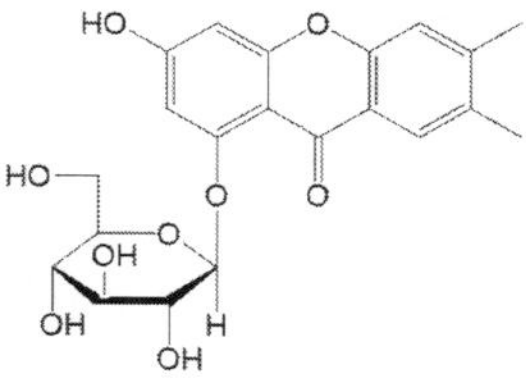

polygonimitin B

하수오 주요성분의 유기화학 구조

하늘타리

학명 Trichosanthes kirilowii
별명 하늘타리, 쥐참외, 자주꽃 하늘수박

기원 Cucurbitaceae(박과)의 하늘타리 Trichosanthes kirilowii Max 의 뿌리의 외피를 제거하여 건조한 것을 괄루근이라고 하며, 종자를 괄루인이라고 한다. 신농본초경의 중품에 괄루라고 수재되어 있으며, 근 및 과실이 약물로 이용되어 왔다.

식물형태 다년생 덩굴식물로서 잎과 대생하는 덩굴손이 다른 물체에 잘 붙어 벋어가고 고구마 같은 큰 피근이 있다. 잎은 호생하며 단풍잎처럼 5~7개로 갈라지고 각 열편에 톱니가 있으며 밑부분이 심장저이고 표면에 짧은 털이 있다. 꽃은 아가화로서 7~8월에 피며 화경은 수꽃의 것은 길이 15cm, 암꽃의 것은 길이 3cm정도로서 각각 끝에 1개의 꽃이 달리고 꽃받침과 꽃잎은 각각 5개로 갈라지며 열편은 다시 잘게 갈라지고 황색이며 수술은 3개이다. 열매는 둥글고 지름 7cm정도로서 오렌지색으로 익으며 많은 종자가 들어 있고 종자는 연한 다갈색이다.

산지 전국의 산, 들 및 밭둑에 난다. 제주도, 전라남도(지리산), 전라북도(덕

유산), 경상남도(재약한, 천성산), 경상북도(팔공산), 충청북도, 강원도, 경기도

약미·약성 괄루근, 괄루인 : 맛은 달고, 성질은 차다.

성분 괄루근: 다량의 starch, 11-oco-susurbit-5-ene-3b, 24, 25-triol, citrulline, r-amino butyric acid, trichosantic acid

괄루인 : 지방유 36%함유, 지방산은 30.0%, 액상지방산 66.5%

약리작용 괄루근은 열을 식히며, 갈증을 멈추게 하며, 위를 도우며 지액을 생기게 하므로, 음허로서 지액이 손상한 것, 병후의 허열이 잇는 사람의 치료에 가장 좋다. 괄루인은 흉비를 치료하는데 사용한다.

활용 괄루근: 해열, 지갈, 소종약으로서 허증의 구갈, 인후의 종통, 호흡기병의 해열, 구갈, 거담, 악성종옹, 최유약, 유아의 피부병에 외용한다.

괄루인: 소염, 진해, 거담약으로서 흉통, 변비, 해수, 심장천식, 협심증에 응용한다.

① 겨울철에 뿌리를 채집하여 물과 같이 갈아서, 그 물을 땀띠, 습진에 바른다. ② 열매와 뿌리를 달여서 먹으면 늑막염에 좋다. ③ 괄루인은 구기자와 같이 쓰면 약효가 더욱 좋아지고, 우슬, 마른 생강과 같이 쓰면 좋지 못하다.

부록

약용식물의 분류에 대한 기초

제1. 총설
1. 약용식물의 명칭
   1) 지방명(local name) 국명(한국이름: Korean name)
   2) 학명(scientific name)
      i. 학명의 명명법
         - Linne의 이명법(binomial nomenclature)
         - Latin name(라틴명)을 쓴다
         - 만국공통의 식물명을 쓴다(국제식물명명규약)
      ii. 학명의 구성
         - 속명(generic name): 라틴어 명사로서 첫글자를 대문자로 쓴다.
         - 종명(specific name): 라틴어 형용사로 첫글자도 소문자로 쓴다.
         - 명명자명(author's name)
         - 변종(varietas) : var.
         - 변종명과 변종명명자
      iii. 예를 들어
         - Panax ginseng C.A.Meyer 인삼
         - Paeonia albiflora Pallas var. trichocarpa Bunge 작약

2. 우리나라의 식물분포
   1) 북부: 황해도 장산곶과 원산만을 연결하는 선의 북쪽
   2) 중부: 북부와 남부 사이
   3) 남부: 영일만과 태안반도를 연결하는 선 이남의 지역
   4) 제주도
   5) 울릉도

3. 약용식물의 분류

1) 분류순서: 계 → 문(Phyllum) → 강(Classis) → 목(Ordo) → 과(Familia) → 속(Genus) → 종(Species) → 변종(varietas) → 품종(Forma)
2) 종(種)
   i. 종은 분류학적으로 기본단위이다.
   ii. 종은 형태학적 및 다른 생물학적 형질이 닮은 개체의 집단이다.
   iii. 종은 다른 종과 명확한 차이(불연속적인 형질)가 있고, 다른 종과의 사이에는 어떠한 격리의 mechanism에 의하여 교배가 되지 않고, 교배가 되더라도 자손은 대부분 불임이다.
   iv. 종은 지리적으로 정해진 분포 지역을 가지고 있다.

4. 약용식물의 재배 및 육종

1) 약용식물의 육종(breeding): 도입육종법(introduction), 분리육종법(selection), 교잡육종법(cross breeding)
2) 조직배양(tissue culture)에 의한 육종: Biotechnology분야.

5. 약용식물의 활성물질

1) 일반성분(general constituents)
2) 생리활성(biological activity)이 있는 활성물질(active constituents)
   i. Alkaloid: 3급 이상의 질소를 함유하고 있는 염기성 물질로 미량에서도 생리활성을 보유하고 있는 것. 무색의결정성 또는 백색 고체로 대개 특정한 산과 반응, 염으로 존재한다.
   ii. 배당체(glycoside)
   iii. 정유(essential oil)

6. 약용식물의 약효(efficacy)와 관련된 terminology

1) 피부점막계에 작용하는 약
   완화제(emollients), 점활제(demulcents), 흡착제(absorbents), 수렴제(astringents), 방부제(antiseptics), 자극제(irritants)

2) 소화기계에 작용하는 약

　소화제(digestants), 건위제(stomachics), 방향성건위제(aromatic stomachics), 신미성건위제(acrid stomachics), 고미건위제(bitter stomachics), 구풍제(carminatives), 최토제(emetics), 진토제(antiemetics), 완하제(laxatives), 사하제(cathartics), 지사제(antidiarrhoics), 이담제(cholagoga)

3) 비뇨기계에 작용하는 약

　이뇨제(diuretics)

4) 호흡기계에 작용하는 약

　진해제(antitussives) 거담제(expectorants)

5) 생식기에 작용하는 약

　자궁수축제(oxytocics), 통경제(emmenagoga), 최음제(aphrodisiacs)

6) 평활근에 작용하는 약

　강심제(cardiotonics) 혈관확장제(vasodilators)

7) 중추신경계에 작용하는 약

　정신신경안정제(tranquilizer), 진정제(sedatives), 최면제(hypnotics), 진통제(analgesics), 해열제(antipyretics), 흥분제(analeptics)

8) 병원체에 유효한 약

　소독제(disinfectants), 항생제(antibiotics), 구충제(antihelmintics), 살충제(insecticides)

제2. 약용식물의 형태

1. 약용식물의 세포

1) 세포막(cell membrane)

　: 세포분열 → 유세포(柔細胞 ; parenchymatous cell)

　　　　　　→ 유조직(柔組織 ; parenchyma)

　　　　　　→ 유전적 지령에 의한 세포막의 2차적 변화(목화, 코르크화, 각피화)

　i. 목화(lignification)

　　- lignin이란 물질이 침착하여 cellulose와 결합, 2차적 변질을 일으킨다.

- 장소는 도관, 가도관, 목부섬유
- 물만 통과시킨다.
- 감별반응은 phloroglucinol + conc. HCl → 홍염(紅焰)

ii. 코르크화(suberization)
- suberin이 퇴적하여 cellulose와 결합한 현상
- 장소는 코르크층, 내피
- 감별반응은 SudanⅢ에서 orange color

2) 세포막의 막공(pit) : 세포질과 경계진 곳이 구멍 또는 둥근 무늬로 보이는 것
  i. 단막공(simple pit): 막공의 내외가 같은 크기이고, 2차막의 비후가 직각일 때
  ii. 유연공(bordered pit): 나자식물의 경우 공구가 좁고, 내부가 넓어서 막공의 안팎의 넓이가 다른 것

3) 액포
  i. 공포(vacuole): 식물세포가 어릴 땐 꽉 찼다가 커지면서 세포 질에 구멍이 생김
  ii. 액포(sap cavity): 공포에 세포액(cell sap)이 들어와서 충만된 상태
  - 액포에는 당류, 배당체, alkaloid, 색소 등의 원료가 많이 들어있다.

4) 색소체(plastid)
  i. 엽록체(녹색체, chloroplast)
   - 녹색색소를 갖고 있는 조그만 알갱이
     chlorophyⅡ a, chlorophyⅡ b, xanthophyⅡ
   - 잎의 책상조직에 존재한다.
   - 광합성 작용에 의해 초기적, 미립자적 전분을 합성한다.
  ii. 백색체(leucoplast): photoenergy에 의해 엽록체로 전환된다.
   - 색소를 가지지 않은 색소체
   - 주로 지하부에 존재한다.
   - 저장 전분립같은 큰 전분을 형성하는 전분형성체 (amyloplast)이다.
  iii. 잡색체(유색체, chromoplast)
   - 녹색 이외의 색소를 가진 것
   - 당근, 수박, 토마토, 노란 호박 등

5) 세포내 함유물(cell contents): 생약을 감별하는 주요한 인자

i. 전분립(starch grain)
 * 형성과정에 따라
   - 동화전분립(assimilation starch grain): 식물의 엽록체에서 합성되는 것
   - 저장전분립(storage starch grain): 동화전분립이 뿌리, 줄기, 종자 등으로 저장. 기관으로 보내져 백색체안에서 형성되는 것.
 * 형태에 따라
   - 단전분(simple starch grain): 1개의 백색체 중 1개의 hilum 을 중심으로 형성되는 전분립(감자, 고구마)
   - 복합전분립(compound starch grain): 1개의 백색체 중 2개 의 hilum을 중심으로 각각 형성되는 전분립
   - 반복합전분립(half compound starch grain): 처음에는 복합 전분립으로 형성되다가 도중에 단전분립과 같이 형성되는 전분립
ii. 수산칼슘결정(crystals of calcium oxalate)
   - 단정(solitary crystal): 정방정계 또는 단사정계에 속하는 단일 결정
     a. 결정세포열(crystal bearing fiber): 단정이 세포막에 묻혀서 일렬로 정렬되어 있는 것(황백, 황기, 감초, 갈근)
     b. 주상정(prism): 단정이 기둥 모양인 것(붓꽃식물)
   - 집정(druse): 작은 결정이 집합하여 이루어진 것
     여뀌과(polygonaceae) 대황, 작약, 석류피, 독말풀
   - 침상결정(needle raphide): 주로 단자엽식물에서 점액과 같이 존재한다. 끝이 뾰족한 긴 침상의 결정으로 흔히 여러개가 묶음으로 되어 있는 것을 속침성(bundle of raphide)이라고 한다. (예) 천남성
   - 사정(crystal sand): 모래와 같은 미세한 결정이 무수히 모여 서 존재한다. (예) 우슬, 벨라돈나잎, 키나피
iii. 탄산칼슘의 결정
   - 염산에 거품을 내며 녹는다.
   - 60% 황산에 용해되어 황산칼슘(CaSO4)침상정이 석출된다.
   - 알카리에 녹지 않는다.
iv. 이눌린(inulin): 국화과, 도라지과, 백합과

- 전분이 glucose로 구성되어있는 반면, 이눌린은 fructose로 구성된다.
- 수용성이라 액포중에 녹아 있다.
- 그대로는 보이지 않으나 알코올중에 오래 담가두면 세포막의 내면에 구정 (spherocrystal)이 석출된다.

* 인삼과 도라지의 비교

인삼은 전분, 도라지는 이눌린 따라서 요오드, 요오드알칼리 반응에 대해서 인삼은 (+), 도라지는 (-), 인삼에는 수지도가 있고, 도라지는 유관이 있다.

v. 단백질의 호분립: 종자의 배유조직이나 자엽중에 저장물질로 서 존재, 물에 서서히 용해하므로 설탕물 또는 글리세린수에 넣어 관찰

vi. 유적(oil drop): 정유(essential oil) 휘발성의 terpene, phenylpropanoid. 생강과(Zingiberaceae), 미나리과(Umbelliferae), 장미과 (Rosaceae), 산초과(Rutaceae, 운향과, 귤나무과; 산초, 진피, 등피, 황백), 녹나무과 (Lauraceae, 계피), 소나무과 (Pinaceae)

vii. Alkaloid: 산초과, 매자나무과(Berberidaceae), 댕댕이덩굴과(Meinspermaceae), 가지과(Solanaceae), 미나리아재비과(Ranunculaceae)

2. 약용식물의 조직: 세포, 세포간극이 일정한 양식으로 집합하여 어떤 기능을 가진것

   * terminology
   i. 단조직: 같은 형태와 기능을 가진 한 종류의 세포만으로 된 조직
   ii. 복조직: 다른 종류의 세포 또는 복수의 단조직으로 된 조직
   iii. 조직계(tissue system): 복조직이 더욱 큰 조직군을 형성한 것

   *분류법

   Sachs의 분류법

   * 표피계 : 표피 및 털, 기공, 수공
   * 유관속계 : 목부와 사부
   * 기본 조직계

     1) 표피계(epidermal system)
        i. 표피(epidermis)

- 표피세포는 긴밀하게 연접하여 세포간극이 없다.
- 대개 바깥 세포막이 각피화하여 cuticular layer를 형성하며 때때로 wax로 덮혀 있는 납피(wax coating)가 쌓인다.

ii. 털
- 단세포모(單細胞毛): 근모(根毛, root hair) 융모(絨毛, 연잎)
- 다세포모(多細胞毛): 선모(glandular hair, 박하)

iii. 기공(stoma)
표피세포가 2개의 공변세포(guard cell)로 나누어져 그 사이가 틈이 된 것. 중앙격(central slit)이 있다.

iv. 수공(water pore): 표피세포가 변형한 2개의 소공세포로 이루어 진다. 기공과의 차이점
- 위치 : 기공은 잎의 전면에 수공은 유관속의 말단부에 있다.
- 크기 : 수공이 더 크다.
- 작용: 기공은 증산작용, 수공은 기계적 개폐작용

2) 기본조직계(fundamental tissue system)
i. 후막세포(sclerenchymatous cell): 막은 후막화하여 주로 식물 체를 보강하는 역할을 한다. 특히 거의 등경성을 이루어 원형에 가깝고 목화되어 죽어있는 것을 석세포(stone cell)라 한다. (예) 계피

ii. 동화조직: 다량의 엽록소를 함유, 광합성하는 유조직(특히 잎에 발달)
- 책상조직(palisade tissue)
- 해면조직(spongy tissue) : 잎의 아래쪽에 있으며, 기공에 연결하여 CO_2 와 O_2의 가스교환, 수분증산을 한다.

3) 유관속계(vascular bundle system)
i. 목부(xylem)
- 도관(vessel), 가도관(tracheid, 도관의 앞단계): 뿌리에서 각부로 운반되는 수분의 상행로
- 목부섬유(xylem fiber): 기계조직

- 목부유조직(xylem parencyma): 영양조직
  ii. 사부(phloem)
   - 사관(sieve tube), 반세포(companion cell), 사부섬유 (phloem fiber), 사부유조직(phloem parenchyma)으로 되는 복합조직이다.
   - 사공(sieve pore)이 특수화해서 사판(sieve plate)을 이룬다.

* 유관속의 구성
i. 병립(측립성)유관속: 목부와 사부가 하나의 면으로 접해 있는 것
   a. 개방유관속(open) : 형성층(cambium)이 있는 것
   b. 폐쇄유관속(closed) : 형성층이 없는 것(단자엽식물)
ii. 양립유관속 : 목부 및 사부중 하나가 중앙에 있고 다른 것이 양쪽에 배열한 것
iii. 포위유관속 : 목부 또는 사부가 다른 것을 포위하는 것
   a. 외목(내사)포위유관속: 창포, 석창포, 영란
   b. 외사(내목)포위유관속
iv. 방사유관속 : 같은 수의 목부와 사부가 교대로 배열하여 방사상을 이룬 것으로 대부분의 식물뿌리의 1차조직에서 볼 수 있다.
   일원형, 이원형, 삼원형, 사원형, 오원형, 다원형(6이상)

4) 내피(endodermis)
 i. 내피: 뿌리의 방사상 유관속을 둘러싼 한 층의 막(단자엽식물)
  - 내피세포는 횡단면에서 표피와 평행하여 서로 밀착되어 환상으로 배열되고 각 세포의 접점은 비후해서 종종 목화된다.
  - 비후부가 내피세포를 접선방향으로 세로로 둘러싼 띠모양이 되면 카스파리대(Casparian strip)라 하고 횡단면에서는 렌즈모양이 점상으로 보이므로 카스파리점(casparian dot)이라고 한다.
 ii. 통과세포(passage cell)
   내피가 후막화로 막질이 변화하면 중심주 안팎의 물질교류가 방해 되므로 유세포 그대로의 모양으로 수액이 통과하도록 되어있는 내피세포
 iii. 내피세포의 종류

- 외립내피(external endodermis)

  내피가 1줄기에 하나 있고 유관속 바깥을 포위한 것
- 양립내피(double endodermis)

  1줄에 내피 2개가 유관속 안팎으로 있는 것
- 자립내피(individual endodermis)

  내피가 유관속과 같은 수로 각각의 유관속을 포위하는 것

5) 중심주(central cylinder): 내피에 포위되어있는 부분
   i. 원생중심주(protostele): 중앙에 1개의 외사포위유관속이 있고, 그 바깥을 외립내피가 포위한 것
   ii. 진정중심주(eustele): 병립 또는 양립유관속이 단환상으로 배열 되고 그 바깥쪽에 외립내피가 있는 것
   iii. 부정중심주(atactostele): 다수의 유관속이 불규칙하게 산재하고 그 바깥에 하나의 내피가 포위한 것

* 영양기관(줄기, 뿌리, 잎) 및 생식기관(꽃, 열매, 종자)
  1) 뿌리(Root)
     i. 성질: 배(胚)의 유근(幼根)에서 발달하기 때문에 줄기의 아래에서 시작하고 보통 중력의 방향으로 생장한다.
     ii. 종류: -주근(main root): 땅속에 수직으로 뻗고 비대하다.
       - 측근(lateral root)
       - 부정근(indefinite root): 주근, 측근 이외의 부위에서 뿌리를 내는 것
     iii. 구조: -근관(root cap): 정단분열조직에서 바깥쪽으로 분화한 것으로 뿌리의 선단의 생장점을 보호한다.
       - 근모(root hair): 뿌리의 표피세포에서 박막의 단세포모로 분화. 수분 및 영양분을 흡수하고, 뿌리가 신장함에 따라 순차적으로 기능이 정지되고 탈락된다.
  2) 줄기(Stem)
     i. 지상경(terrestrial stem): 기본형

- 적립경(erect stem): 수직 방향으로 뻗는 줄기
- 포복경(stolon): 지면을 따라 수평으로 뻗어나가는 줄기
- 전요경(twining stem): 다른 물체를 감으면서 올라가는 줄기
    우선경(dextrous twining stem)
    좌선경(sinistrous twining stem)
- 반연경(climbing stem): 줄기, 잎 또는 뿌리가 변태한 권수, 기근(aerial root), 가시 등의 특별한 기관에 의해서 다른 물체에 부착하거나 기대며 뻗는 줄기
- 경침(stem spine): 측지가 변태해서 견고한 가시가 되어 식물자체를 보호하는 것(탱자나무)
- 다육경(succulent stem) : 굉장히 비대한 줄기로 많은 수분과 엽록소가 있어 동화작용을 한다. (예)선인장

ii. 지하경(subcculent stem): 영양물의 저장, 번식을 위한 줄기
- 근경(rhizome) : 줄기의 지하부분
    지하에서 수평으로 뻗고, 여기에 많은 부정근이 있으며, 상단부에는 눈이 있고, 경흔(stem scar)과 연절(年節)이 있다. (예)둥글레 (황정), 삽주 (창출)
- 괴경(tuber): 지하경의 일부가 비후하여 괴상을 이루고, 영양물질 저장. (예)초오, 감자
- 구경(corm): 구상으로 직립해서 비후, 팽대하고 여러 개의 싹을 가지며 외부에 소수의 작은 비늘 모양이 되어 남아 있는 것.
    (예)반하, 토란, 택사, 사프란
- 인경(bulb): 다육한 인경엽이 밀생하여 구형이 된 것. (예)나리과

3) 잎(leaf): 엽록소를 많이 함유하여 광합성, 호흡, 동화를 주로 하는 곳
   i. 잎의 구성
   * 엽신(葉身, leaf blade): 잎의 주체가 되는 편평한 부분
       엽신이 1개이면 단엽(simple leaf)
   - 엽병(petiole) : 엽신과 줄기를 연결하는 부분

- 탁엽(stipule) : 엽병의 기부에 있는 소형의 잎모양 부속물
- 엽초(leaf sheath): 엽병과 탁엽이 합생한 것
* 엽맥(vein) : 엽병을 통해서 엽신으로 연결된 유관속이 엽신중에서 여러 갈래로 분지된 것
  - 2차맥계 : 양치식물
  - 평행맥계 : 단자엽식물
  - 망상맥계 : 쌍자엽식물
* 복엽(compound leaf): 엽신이 2개 이상인 것, 복엽들중 하나는 소엽(小葉, leaflet)이라 한다.
  - 장상복엽(palmate compound leaf): 인삼
  - 우상복엽(pinnate compound leaf): 콩과
    우상복엽에서 주축의 선단에 있는 소엽을 정소엽(terminal leaflet), 정소엽이 있으면 기수우상복엽, 없으면 우수우상복엽 이라 한다.

ii. 엽서(葉序, phyllotaxis): 잎이 줄기에 붙을 때의 배열
  - 호생(互生)엽서: 한 마디에 하나의 잎이 붙는 것
  - 대생(對生)엽서: 한 마디에 2개의 잎이 붙는 것
  - 윤생(輪生)엽서: 같은 마디에 3매 이상의 잎이 붙는 것

iii. 잎의 변태
  - 엽권수(葉卷鬚, leaf tendril): 수염모양이 되어 딴 식물을 감고 올라감
  - 위엽(僞葉, phllodium): 엽병이 엽신모양으로 변태하고 엽신은 퇴화
  - 엽침(葉針, spine): 잎이 침상으로 변태하여 식물자체를 보호 (선인장)
  - 구조(鉤爪, hook): 낚시처럼 되어 딴 식물을 걸치고 올라감
  - 포충엽(捕虫葉, insectivorous leaf): 끈끈이주걱

iv. 잎의 내부구조
  - 책상조직(柵狀組織, palisade tissue)
    상면표피에 접해서 엽록소가 풍부한 원주상의 유세포가 밀접한 곳
  - 해면조직(海綿組織, spongy tissue)
    책상조직의 아래에 녹색유세포가 다량의 세포간극을 가지고 존재

- 엽육(mesophyll) : 책상조직과 해면조직을 합쳐 엽육이라 부른다. 유실(油室, oil cavity), 수지도(樹脂道, resin canal) 및 유관(乳管, lactiferous tube)이 분포한다.

4) 꽃(flower): 종자식물의 생식기관
  i. 화엽(花葉, floral leaf)
   - 포(bract)
   - 화판(화판, petal), 꽃받침(萼片, sepal):
     단자엽식물에서 화판과 꽃받침이 동형동색인 것은 화개(perigon), 꽃이 떨어진 다음에도 악편이 남아 과실로 발육되는 것은 숙존악(宿存萼)이라고 한다(예: 꽈리)
   - 암술(pistil): 주두(柱頭, stigma), 화주(花柱, style), 자방(花柱, ovary) 3부분을 보유함.
     자방상위: 원칙적으로 위치한 것
     자방중위: 자방이 화엽과 같은 위치에 있는 것
     자방하위: 자방이 화엽보다 밑으로 되는 것
   - 수술(stamen)
     2강웅예(二强雄蕊): 4개의 수술중 2개가 긴 것
     4강웅예(四强雄蕊): 6개의 수술중 4개가 긴 것
  ii. 화서(花序):
   - 수상화서(穗狀花序): 분지하지 않은 주축에 무병(無柄)의 꽃이 붙는다.
   - 총상화서(總狀花序): 분지하지 않은 추축에 유병의 꽃이 붙고 화병은 길지 않고 화서는 가는 원추형
   - 산형화서(傘形花序): 수축이 없고 경정의 한 점에서 화병이 방사형으로 붙어 우산모양을 이루는 것(미나리)
   - 두상화서(頭狀花序): 화축이 편평반상(扁平盤狀)을 이루고 윗면에 다수의 꽃이 붙는다(국화과)
   - 은두화서(隱頭花序): 두상화서의 화상이 팽대되어 화상면이 항아리 모양이 되어 꽃을 싸는 것(무화과나무)

5) 열매(fruit) : 진정한 열매는 자방에서 되며 이를 진과(眞果, true fruit)라고 한다. 자방 이외의 화엽, 화탁, 화병의 일부가 다육화해서 과실상으로 된 것은 위과(僞果, false fruit)라고 한다. 과피(果皮, pericarp)에는 외과피(epicarp), 중과피(mesocarp), 내과피(endocarp)가 있으며 과피에 따라 다음과 같이 분류한다.

* 건과(乾果, dry fruit)
  i. 폐과(閉果): 완숙해도 개열하지 않는 과일
    - 견과(堅果, nut)
    - 수과(瘦果, achene)
    - 곡과(穀果, caryopsis): 벼
    - 익과(翼果, samaia): 과피 일부가 날개모양의 부속물이 된 것(단풍)
  ii. 열개과(裂開果) : 완숙하면 쪼개어져서 종자를 드러내는 과일
    - 두과(豆果, legume): 콩과
    - 대과(袋果, follicle): 미나리아재비과
    - 삭과(蒴果, capsule): 양귀비
* 습과(濕果, juice fruit)
  i. 핵과(核果, 石科, drupe): 내과피가 견고한 핵으로 된 것(복숭아, 매 실)
  ii. 장과(漿果, bacca, berry): 포도, 구기자
  iii. 감과(柑果, hesperidium): 밀감

참고문헌

김경옥, 2001, 실용본초학, 정담
정보섭, 신민교, 2003, 도해향약대사전, 영림사
김대근, 김만배, 김훈, 박진한, 임종필, 홍승헌, 2003, 본초생약학, 신일상사
주영승, 정종길, 2005, 약용자원식물학, 영림사
박종희, 성상현, 2007, 핵심약용식물, 신일북스
생약학교재편찬위원회, 2006, 생약학, 동명사
유기화학교재연구회, 2011, 유기화학입문, 자유아카데미
한국약용식물학연구회, 2006, 종합약용식물학, 학창사
성환길, 2010, 약용식물 및 생약 포켓도감, 푸른행복
천연물화학교재편찬위원회, 2016, 파트너 천연물화학, 신일북스
부영민, 서부일, 이제현, 최호영, 권동열, 오명숙, 2012, 본초학, 영림사

이미지 출처 표기(본문, 표지)

가중나무 / 원작자 : 최영민, 저작재산권자 : 국립생물자원관
강활 / 원작자 : 현진오, 저작재산권자 : 국립생물자원관
개오동 나무 / 원작자 : 현진오, 저작재산권자 : 국립생물자원관
구기자 / 원작자 : 현진오, 저작재산권자 : 국립생물자원관
고로쇠나무 / 원작자 : 현진오, 저작재산권자 : 국립생물자원관
관중 / 원작자 : 이병윤, 저작재산권자 : 국립생물자원관
느릅나무 / 원작자 : 유태철, 저작재산권자 : 국립생물자원관
두릅나무 / 원작자 : 유태철, 저작재산권자 : 국립생물자원관
박하 / 원작자 : 유태철, 저작재산권자 : 국립생물자원관
배풍등 / 원작자 : 현진오, 저작재산권자 : 국립생물자원관
삼백초 / 원작자 : 서민환, 저작재산권자 : 국립생물자원관
소태나무 / 원작자 : 최영민, 저작재산권자 : 국립생물자원관
수련 / 원작자 : 국립생태원, 저작재산권자 : 국립생물자원관
오갈피나무 / 원작자 : 현진오, 저작재산권자 : 국립생물자원관
오미자 / 원작자 : 현진오, 저작재산권자 : 국립생물자원관
익모초 / 원작자 : 현진오, 저작재산권자 : 국립생물자원관
원추리 / 원작자 : 이병윤, 저작재산권자 : 국립생물자원관
지황 / 원작자 : 현진오, 저작재산권자 : 국립생물자원관

식품류에 응용되는 약용식물의 이해

1판 1쇄 발행　2024년 3월 29일

지 은 이 | 최창식
펴 낸 이 | 김진수
펴 낸 곳 | 한국문화사
등　　록 | 제1994-9호
주　　소 | 서울시 성동구 아차산로49, 404호 (성수동1가, 서울숲코오롱디지털타워3차)
전　　화 | 02-464-7708
팩　　스 | 02-499-0846
이 메 일 | hkm7708@daum.net
홈페이지 | http://hph.co.kr

ISBN　979-11-6919-201-9　93480

· 이 책의 내용은 저작권법에 따라 보호받고 있습니다.
· 잘못된 책은 구매처에서 바꾸어 드립니다.
· 책값은 뒤표지에 있습니다.

오류를 발견하셨다면 이메일이나 홈페이지를 통해 제보해주세요.
소중한 의견을 모아 더 좋은 책을 만들겠습니다.